U0322943

2011 年
长江防汛抗旱减灾

长江防汛抗旱总指挥部办公室　编著

中国水利水电出版社
www.waterpub.com.cn

内 容 提 要

本书共7章，包括暴雨与洪水、水库调度、工程险情及抢护、洪涝灾害损失、旱情及抗旱、组织与协调、防汛抗旱工作启示等。

本书可供水文水资源、洪水预报、水利水电、水库调度管理、工程泥沙、气象地理等领域的广大科技工作者和工程技术人员参考使用。

图书在版编目（ＣＩＰ）数据

2011年长江防汛抗旱减灾 / 长江防汛抗旱总指挥部
办公室编著. -- 北京 : 中国水利水电出版社，2016.5
ISBN 978-7-5170-4359-1

Ⅰ．①2… Ⅱ．①长… Ⅲ．①长江－防洪工程－概况
②长江－抗旱－概况③长江－减灾－概况 Ⅳ．
①TV882.2

中国版本图书馆CIP数据核字(2016)第110360号

书　　名	**2011 年长江防汛抗旱减灾**	
作　　者	长江防汛抗旱总指挥部办公室　编著	
出版发行	中国水利水电出版社	
	（北京市海淀区玉渊潭南路 1 号 D 座　　100038）	
	网址：www. waterpub. com. cn	
	E - mail：sales@waterpub. com. cn	
	电话：(010) 68367658（发行部）	
经　　售	北京科水图书销售中心（零售）	
	电话：(010) 88383994、63202643、68545874	
	全国各地新华书店和相关出版物销售网点	
排　　版	中国水利水电出版社微机排版中心	
印　　刷	北京京华虎彩印刷有限公司	
规　　格	184mm×260mm　16 开本　7.5 印张　139 千字	
版　　次	2016 年 5 月第 1 版　2016 年 5 月第 1 次印刷	
定　　价	**39.00 元**	

《2011 年长江防汛抗旱减灾》编委会

前 言

2011年长江流域气候异常，干旱、洪涝阶段性特征明显，并出现了旱涝急转的局面。年初，云南盈江发生地震灾害，给当地水利设施造成了严重破坏。1—5月长江中下游罕见干旱，降水量偏少3～5成，为1951年以来最小值，4月、5月洞庭湖、鄱阳湖等地出现历史同期最低水位，在三峡及丹江口水库大量补水的情况下，长江中下游干流各控制站5月平均水位较均值偏低3.00～5.00m，为新中国成立以来历年同期最低水位；6月上中旬旱涝急转，长江中下游部分支流出现异常汛情，信江、昌江、修水、资水发生超警戒水位洪水，乐安河发生超历史记录洪水；7—8月长江流域降水量偏少3成，西南5省发生严重干旱，干流出现历史罕见低水位，8月长江中下游干流最低水位居历史同期最低水位前列；9月嘉陵江、汉江发生明显秋汛，嘉陵江支流渠江出现超历史实测记录的特大洪水，上游三汇站、出口罗渡溪站洪水分别达100年一遇和50年一遇，丹江口水库入库洪水最大7天洪量接近20年一遇，汉江中下游主要控制站水位超过警戒水位或保证水位，杜家台分洪闸开启分流运用。

党中央、国务院高度重视长江流域防汛抗旱工作，胡锦涛总书记、温家宝总理、回良玉副总理等党和国家领导同志情牵灾民，心系灾区，密切关注汛情发展，在防汛抗旱的每一个关键时刻都作出重要指示，要求各地区各部门以对人民群众高度负责的精神，切实抓好防汛抗旱救灾工作，最大程度地减轻洪旱灾害造成的损失。温家宝总理、回良玉副总理于6月初赴江西、湖南、湖北考察抗旱工作，并在武汉召开江苏、安徽、江西、湖北、湖南5省抗旱工作座谈会，就进一步做好抗旱救灾工作作出重要部署。9月下旬，回良玉副总理在贵阳主持召开西南地区抗旱工作会议，研究部署西南地区抗旱工作。

国务院、国家防汛抗旱总指挥部（以下简称国家防总）多次召开专题会议，及时对长江防汛抗旱和减灾救灾工作进行周密部署。水利部陈雷部长、刘宁副部长多次主持召开防汛抗旱会商会，亲自部署防汛抗旱防台工作。9月

20 日，陈雷部长在汉江秋汛最关键时刻来到武汉检查指导汉江防汛工作，并在长江水利委员会主持召开国家防总防汛异地会商会，传达贯彻国务院副总理、国家防总总指挥回良玉批示精神，分析严峻的防洪形势，安排部署应对工作。

面对长江流域内发生的各种灾害，为有效应对长江流域汛情、旱情，在水利部、国家防汛抗旱总指挥部办公室的指导下，长江防汛抗旱总指挥部（以下简称长江防总）周密部署、认真准备、及时应对、科学调度、积极协调，确保了长江防汛抗旱工作扎实有效。长江防总先后派出了 26 个防汛抗旱工作组、专家组 104 人次，赶赴 8 个省（直辖市）受灾现场，调查了解受灾情况，指导当地抢险救灾，充分发挥了战斗堡垒作用。地方各级党委、政府和防汛抗旱指挥部高度重视防汛抗旱工作，认真落实防汛行政首长负责制，切实担当起防汛指挥的重任。在灾情发生后，有关地方党政主要领导深入一线，身先士卒，靠前指挥，有力保证了各项防汛抗旱抢险救灾工作取得全面胜利。

2011 年长江流域防汛抗旱工作取得了新的成绩，实现了新的突破，但也暴露出了新的问题，需要继续加强研究、深入探索。为总结 2011 年防汛抗旱工作经验和教训，认真分析对策，探索研究新方法，进一步提高防汛抗旱工作水平，长江防总办公室组织编写了《2011 年长江防汛抗旱减灾》。

相关省、市防汛抗旱办公室和水库运行管理单位为本书编写提供了总结材料，在此一并表示感谢。

编者

2011 年 12 月

目 录

第 1 章

暴 雨 与 洪 水

2011 年 1—5 月，长江中下游地区干旱少雨、旱情严重，长江中下游干流以及洞庭湖、鄱阳湖水系降雨量均出现 1951 年有雨量资料以来的最小值，汉江降雨量为 1951 年以来雨量资料系列中排倒数第四位。

汛期 4—10 月，长江流域降雨量总体偏少，其中长江上游偏少 2 成左右，中下游正常略偏少。秋汛期 9 月 4—7 日、10—14 日、16—19 日，汉江上游、嘉陵江发生 3 次强降雨过程，造成汉江上游、嘉陵江发生明显秋汛。

4—5 月，长江中下游干流及"两湖"（洞庭湖、鄱阳湖）地区枯水情况明显。4 月，"两湖"水系中的湘江湘潭站、赣江外洲站、抚河李家渡站月最低水位均位居历史最低水位第一位；5 月，长江中下游干流各站月平均水位较多年均值偏低 3.00～6.00m，汉口站、大通站、湖口站月最低水位分别居历史同期最低水位第四位、第一位、第一位。

9 月，长江上游及汉江均出现较大洪水过程，嘉陵江干流控制站北碚站洪峰水位为 199.31m，超保证水位 0.31m，相应流量为 36300m³/s，居历史最大值第三位。三峡水库最大入库流量为 46500m³/s，最大出库流量为 21100m³/s（19 日 20 时），拦洪调蓄以后最高库水位为 167.99m，总拦蓄水量为 105.2 亿 m³。汉江流域发生 2005 年以来的最严重秋汛，洪水量级约为 20 年一遇，仙桃站洪峰水位为 36.23m，超保证水位 0.03m，为历史第二高水位（仅次于 1984 年）。为保证汉江下游防洪安全，汉江杜家台分洪闸于 21 日 12 时 17 分开闸分流，分流流量为 1010m³/s，21 日 14 时 29 分实测最大分流流量为 1170m³/s，有效地减轻了汉江干流的防洪压力。

1.1 暴 雨

1.1.1 暴雨特征

（1）1—5 月，长江中下游持续干旱少雨，旱情严重。长江中下游干流以

1

及洞庭湖、鄱阳湖水系降雨量均出现 1951 年以来的最小值，汉江降雨量为1951 年以来倒数第四位。

（2）6 月，进入梅雨期，中下游持续降雨，部分地区出现旱涝急转。入梅时间为 6 月 9 日，早于常年。梅雨期持续强降雨，使中下游大部地区旱情基本解除，部分地区出现旱涝急转。

（3）9 月，汉江上游、嘉陵江降雨集中，发生明显秋汛。汉江上游、嘉陵江持续降雨且相对集中，汉江上游月降雨量较多年同期偏多 1.5 倍，嘉陵江偏多 3 成，导致汉江上游、嘉陵江发生明显秋汛。

（4）汛期长江流域降雨量总体偏少，但时空分布异常不均。4—10 月，长江流域降雨量总体偏少，其中长江上游偏少 2 成左右，中下游正常略偏少，但降雨时空分布异常不均。从时间分布上看，除 6 月、9 月、10 月外，其余时间长江流域降雨均偏少，6 月、9 月长江流域降雨明显集中，6 月长江中下游大部分地区降雨偏多 2 成以上，导致前期出现的严重干旱解除，部分地区出现旱涝急转；9 月汉江上游及嘉陵江降雨相对集中，出现明显秋汛。从空间分布上看，除长江上游北部、汉江上游及长江下游干流一带降雨偏多以外，其余大部地区降雨偏少，有的地方甚至偏少达 2 成以上。

1.1.2 主要暴雨过程

2011 年 6 月，长江中下游入梅时间早于常年，梅雨期强降雨过程频繁，大部地区旱情基本解除，部分地区出现旱涝急转。9 月上中旬，汉江上游、嘉陵江连续出现 3 次强降雨过程，发生明显秋汛。

（1）6 月上中旬，中下游持续降雨过程。6 月 3—7 日、9—12 日、13—15日、16—19 日，长江中下游地区出现持续强降雨过程，强降雨中心位于青弋江、水阳江。统计 6 月 3—19 日长江中下游累积分区面雨量：信江、饶河500mm，鄱阳湖区 377mm，修水 366mm，赣江、抚河 176mm，长江下游干流227mm，陆水 368mm，鄂东北 251mm，江汉平原 200mm，澧水 197mm，资水 190mm，洞庭湖区 189mm，沅江 179mm，湘江 124mm。单站累积雨量：青弋江流域的旌德站 995mm，陈村站 958mm，西河镇站 893mm。6 月 3—19日的持续强降雨过程，超过 300mm 的笼罩面积约 22.83 万 km²，超过 500mm的笼罩面积约 5.89 万 km²，详见图 1.1-1。

（2）6 月下旬至 8 月，多为移动性降雨过程。6 月下旬出现两次移动性降雨过程。6 月 20—25 日的降雨过程：20—22 日，降雨主要在长江上游、汉江上中游；23—25 日，雨区东移至长江中下游。6 月 26—30 日的降雨过程：26—27 日，降雨主要在长江上中游；28—30 日，降雨区东移至长江中下游。

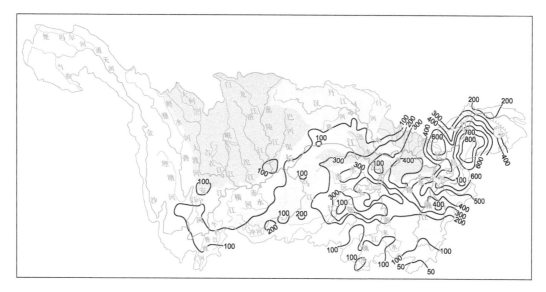

图 1.1-1　2011 年 6 月 3—19 日降雨过程累积雨量图（单位：mm）

7月3—8日的降雨过程：3—5日，降雨区主要在长江上游的岷沱江、嘉陵江、汉江上游和长江下游；6日，雨区南压，降雨范围覆盖至长江上游大部和汉江上中游；7—8日，东移至长江中下游。

7月28日至8月2日的降雨过程：7月28—31日，降雨区主要在长江上游、汉江上中游；8月1—2日，雨区东移至长江中下游。

8月3—8日的降雨过程：3—6日，降雨区主要在长江上中游；7—8日，东移至长江中下游。

8月20—24日的降雨过程：20—21日，降雨主要在长江干流北部；22日，雨区南压至干流附近；23—24日，雨区东移至长江中下游干流及"两湖"水系。

（3）秋汛期降雨发展过程。秋汛期（9—10月）长江流域降雨发展大致分两个阶段，第一阶段降雨主要集中在9月上中旬，主雨区位于汉江上游、嘉陵江等地区，发生明显秋汛。汉江上游、嘉陵江出现3次强降雨过程，分别为9月4—7日、10—14日、16—19日。秋汛期第二阶段降雨主要发生在10月，期间共发生4次移动性降雨过程，主雨区发生在长江上中游干流及乌江、"两湖"水系地区，上述地区降雨量较多年同期明显偏多。

1.1.3　1—5 月枯水分析

1.1.3.1　概况

2011 年 1—5 月长江流域降雨量较常年同期均值偏少 3 成。其中，长江上游偏少 1 成，中下游偏少 4 成，长江干流及以南地区连续 5 个月偏少。具体各区降水统计：乌江、"两湖"水系及中下游干流偏少 4～5 成，上游干流区及汉江偏少 3 成左右，金沙江偏少不到 1 成，仅岷嘉流域为正常略偏多。2011 年 1—5 月长江流域各月各分区降水量统计参见表 1.1-1。

表 1.1-1　　2011 年 1—5 月长江流域各区降水量与常年同期均值比较表

区域	1 月		2 月		3 月		4 月		5 月		1—5 月	
	雨量/mm	距平/%	雨量/mm	距平/%	雨量/mm	距平/%	雨量/mm	距平/%	雨量/mm	距平/%	雨量/mm	距平/%
金沙江	15.5	102.3	2.0	−75.7	11.8	−22.7	24.0	−21.4	73.7	−2.3	127	−7.4
岷沱江	15.3	42.8	9.1	−42.3	32.3	5.8	49.6	−15.7	115.8	21.4	222.1	5.1
嘉陵江	10.8	−9.5	11.8	−16.3	24.3	−18.4	32.6	−43.4	142.9	40.3	222.4	3.3
长江上游干流区	13.0	−23.5	10.3	−54.6	35.1	−11.9	43.7	−48.0	104.1	−21.8	206.2	−30.5
乌江	14.9	−26.3	11.7	−53.7	28.3	−24.9	49.6	−45.1	71.0	−53.1	175.5	−46.0
汉江上游	4.1	−64.4	16.7	4.0	21.9	−41.9	19.2	−64.6	115.6	23.3	177.5	−16.7
汉江	3.6	−75.0	17.1	−12.2	23.9	−42.1	20.6	−63.7	97.3	1.8	162.5	−28.5
长江中游干流区	13.3	−59.8	19.1	−58.7	38.5	−45.9	60.5	−49.7	102.5	−36.3	233.9	−45.8
洞庭湖	40.7	−35.1	37.7	−50.9	67.2	−41.1	72.8	−54.6	137.0	−29.6	355.4	−41.6
长江下游干流区	22.4	−57.8	24.9	−62.3	51.1	−51.7	41.6	−69.1	90.3	−43.7	230.3	−55.7
鄱阳湖	42.9	−44.0	54.3	−48.5	88.6	−49.6	84.3	−60.5	151.1	−32.4	421.2	−47.0
长江上游	14.1	20.9	7.4	−49.1	22.9	−14.0	35.7	−34.7	98.9	−1.3	179.0	−13.8
长江中上游	17.9	−22.0	15.1	−47.4	32.4	−32.0	42.0	−46.4	106.4	−11.7	213.8	−28.3
长江中下游	28.1	−43.9	33.4	−48.5	57.0	−45.3	58.3	−58.2	123.4	−27.2	300.1	−43.1
长江流域	20.4	−29.5	19.1	−48.5	38.2	−37.9	45.9	−50.6	110.0	−16.3	233.6	−33.6

　　2011 年 1—5 月长江流域降雨量为 234mm，为 1951 年有历史雨量资料以来的最小值，较历史同期均值偏少 33.6%。其中，长江中下游地区 1—5 月降雨量为 300mm，也为 1951 年有历史雨量资料以来的最小值，较历史同期均值偏少 43.1%。长江中游干流区、下游干流区、“两湖”水系 1—5 月降雨量均为 1951 年有历史雨量资料以来的最小值，较历史同期均值分别偏少 45.8%、55.7%、41.6%、47.0%。另外，汉江流域 1—5 月较历史同期均值偏少 28.5%，为 1951 年以来历史雨量资料系列中排倒数第四位（1995 年 143mm，2000 年 149mm，2005 年 156mm）。详见表 1.1-2 和图 1.1-2。

表 1.1-2　　2011 年 1—5 月长江流域及中下游各区降雨量统计表

区域	1—5 月雨量/mm	距平百分率/%	与历史同期比较
长江流域	234	−33.6	1951 年以来最少
长江中下游	300	−43.1	1951 年以来最少
汉江	163	−28.5	倒数第 4 位（次于 1995 年、2000 年、2005 年）
长江中游干流区	234	−45.8	1951 年以来最少
长江下游干流区	230	−55.7	1951 年以来最少
洞庭湖	355	−41.6	1951 年以来最少
鄱阳湖	421	−47.0	1951 年以来最少

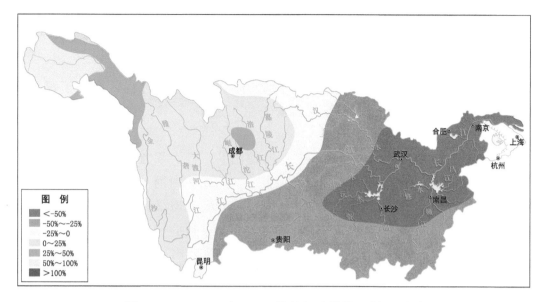

图 1.1-2　2011 年 1—5 月长江流域降雨量距平图

1.1.3.2　1—5 月降雨偏少主要影响因素及气候特征

导致长江流域 1—5 月降水量偏少的主要因素有以下几个方面：

（1）海温影响。赤道中东太平洋地区自 2010 年 7 月爆发拉尼娜事件（海温较常年同期偏低），至 2011 年 4 月结束，此次拉尼娜事件强度为中等或中等偏弱。海洋温度变化通过热力作用影响大气环流，海温异常导致大气环流异常。1—5 月，由海温异常引起的大气环流分布异常使长江流域出现降雨特别偏少。

（2）大气环流影响。2011 年 1—5 月西北太平洋副热带高压面积偏小，强度偏弱，西伸脊点偏东，脊线位置偏南，我国雨带异常偏弱、偏南；同时，北半球北极涛动维持正位相，欧亚中高纬度盛行经向环流，干冷空气活动频繁，欧亚中高纬地区包括我国大部地区气温异常偏低。长江流域多为西北气流控制，降雨偏少。

（3）青藏高原高度场。1—5 月青藏高原高度场较常年偏低（高原积雪偏少），印缅槽偏强，长江流域大部地区盛行下降气流，多为西北气流控制，降雨偏少。

（4）亚洲区极涡。1—5 月亚洲区极涡面积偏大、强度偏强，东亚大槽位置偏东、强度偏强。长江流域多为槽后偏西北气流控制，降雨偏少。

（5）南海夏季风。2011 年南海夏季风爆发偏早，但强度偏弱。其间 5 月暖湿气流活动偏弱，且冷空气活动偏北、偏强，不利于冷暖空气在长江流域上空交汇，加上副热带高压偏弱、位置偏南，造成流域降雨异常偏少。

1.1.4 汉江"11·9"秋汛暴雨分析

1.1.4.1 汉江秋汛暴雨发展过程

2011 年 9 月上中旬，汉江上游连续发生 3 次强降雨过程，形成了汉江秋季洪水。汉江上游 3 次降雨过程分别发生在 9 月 4—7 日、10—14 日、16—19 日，分述如下：

（1）9 月 4—7 日，汉江上游有大到暴雨。5 日，汉江上游有中到大雨，局地暴雨，汉江上游石泉以上地区面雨量为 30mm，白河—丹江口区间面雨量为 18mm。6 日，汉江上游有大到暴雨，局地大暴雨，汉江上游石泉—白河区间面雨量为 56mm，石泉以上面雨量为 40mm，白河—丹江口区间面雨量为 20mm。7 日，汉江上游石泉—丹江口区间有中到大雨，石泉—白河区间面雨量为 21mm、白河—丹江口区间面雨量为 26mm。9 月 4—7 日汉江上游过程累积面雨量约为 80mm。详见图 1.1-3。

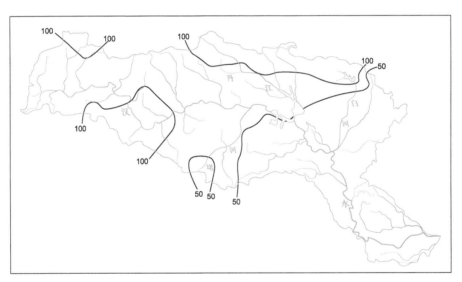

图 1.1-3 2011 年 9 月 4—7 日汉江流域累积降雨量图（单位：mm）

（2）9 月 10—14 日，汉江上游有大雨，局地暴雨。11 日，汉江上游有大雨，局地暴雨，汉江上游石泉以上面雨量为 46mm，石泉—白河区间面雨量为 18mm，白河—丹江口区间面雨量为 10mm。12 日，汉江上游有大雨，局地暴雨，汉江上游石泉以上面雨量为 18mm，石泉—白河区间面雨量为 36mm，白河—丹江口区间面雨量为 6mm。13 日，汉江上游有中到大雨，局地暴雨，汉江上游石泉以上面雨量为 17mm，石泉—白河区间面雨量为 31mm，白河—丹江口区间面雨量为 25mm。14 日，汉江上中游有中到大雨，局地暴雨，汉江上游石泉—白河区间面雨量为 14mm，白河—丹江口区间面雨量为 27mm，汉江丹江口—皇庄区间面雨量为 17mm。10—14 日，汉江上游过程累积面雨量约为 100mm。详见图 1.1－4。

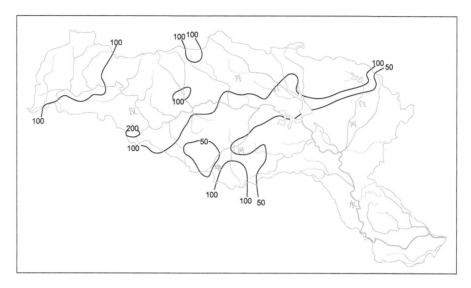

图 1.1－4 2011 年 9 月 10—14 日汉江流域累积降雨量图（单位：mm）

（3）9 月 16—19 日，汉江上中游有中到大雨，局地暴雨。16 日，汉江上游有中到大雨，石泉以上面雨量为 16mm，石泉—白河区间面雨量为 11mm。17 日，汉江上游有大到暴雨，局地大暴雨，汉江中游有中到大雨。汉江石泉以上面雨量为 62mm，石泉—白河区间面雨量为 48mm，白河—丹江口区间面雨量为 22mm，汉江中游面雨量为 10mm。18 日，汉江上中游有中到大雨，局地暴雨，汉江石泉以上面雨量为 26mm，石泉—白河区间面雨量为 33mm，白河—丹江口区间面雨量为 26mm，丹江口—皇庄区间面雨量为 18mm。19 日，降雨减弱。16—19 日汉江上游过程累积面雨量约为 88mm。详见图 1.1－5。

9 月上中旬期间汉江上游发生 3 次强降雨过程，强降雨中心位于汉江上游干流南部，统计 4—19 日的累积降雨量，单站最大的是镇巴站 616mm，其次是观音堂站 593mm、钟家沟站 545mm；累积降雨量超过 100mm 的笼罩面积约为 10.98 万 km²，超过 300mm 的笼罩面积约为 3.36 万 km²，超过 500mm 的笼罩面积约为 0.19 万 km²。详见图 1.1－6。

1.1.4.2 秋汛期暴雨天气形势

9 月上中旬期间，长江上游、汉江的集中性降雨，主要是由于中高纬度地区出现较稳定的降雨天气形势造成。9 月 5 日始，500hPa 天气图上，西西伯利亚—巴尔喀什湖维持一阻塞高压，中西伯利亚—贝加尔湖地区—新疆为一宽广深厚的低压槽，我国 30°N～40°N 之间，即黄河中下游、淮河、长江上游、汉江一直处于该低压槽底部或前部。长江流域干流附近及其以南地区、

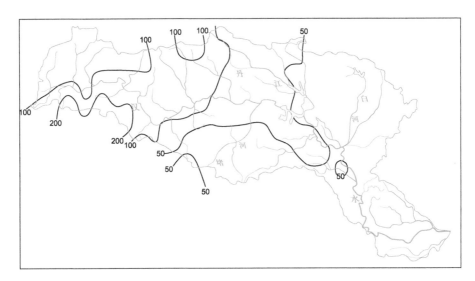

图 1.1-5　2011 年 9 月 16—19 日汉江流域累积降雨量图（单位：mm）

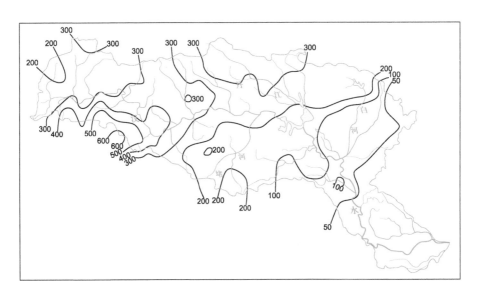

图 1.1-6　2011 年 9 月 4—19 日汉江流域累积降雨量图（单位：mm）

华南地区基本为副热带高压控制。贝加尔湖高空槽底部先后有多股冷空气向东移动，影响长江上游的嘉陵江及汉江，同时，控制我国江南地区的高压外围西南暖湿气流源源不断为长江上游提供充足的水汽。以上天气形势一直维持到 9 月 19 日，长江上游、汉江持续强降雨才告结束。

9 月上中旬，中低层 700hPa 和 850hPa 高空天气图上，嘉陵江渠江水系大部分时间都有切变低涡系统维持。地面天气图上，9 月 5 日，我国东北至黄河河套有一东北—西南向的冷高压入侵长江上游、汉江上游，6 日晚西西北利亚—贝加尔湖高空庞大的冷高压前缘开始入侵长江上游、汉江上游。9 月

15 日，西西北利亚—贝加尔湖地区，又形成一个庞大的冷高压，并于 9 月
16—18 日入侵长江上游、汉江上中游地区。

1.2 洪 水

长江流域 2011 年属于枯水年，来水总体偏少。长江干流汛情平稳，部分
支流发生了超历史记录或超警戒水位的洪水，其中，长江中下游干流各站年
最高水位均低于警戒水位；嘉陵江支流渠江、鄱阳湖水系乐安河发生了超历
史最高水位的洪水，汉江、湘江、资水、信江、昌江、乐安河、修水、青弋
江及水阳江等出现了超警戒水位的洪水。

1.2.1 汛期水情特点

2011 年汛期，长江流域汛情主要有以下特点：

(1) 汛前流域降水明显偏少，长江中下游干流水位持续偏低。受 1—5 月
长江流域降雨量较历史同期明显偏少的影响，长江中下游地区发生严重干旱，
水位明显偏低。由于"两湖"水系来水偏少，在三峡及丹江口水库大量补水
的情况下，5 月长江中下游干流各控制站月平均水位较常年同期偏低 3.00～
5.00m，居新中国成立以来历年同期最低水位第一位，其中，汉口—大通河段
月平均水位比历史记录最低年份 2007 年还低 1.40～0.94m。干流各控制站月
最低水位出现历史同期最低或接近历史同期最低，其中，汉口站水位为
14.85m（5 月 4 日 20 时）、大通站水位为 5.30m（5 月 1 日 8 时）、城陵矶站
水位为 21.49m（5 月 2 日 20 时）、湖口站水位为 8.41m（5 月 4 日 8 时），分
别居历史同期最低水位第四位、第一位、第八位和第一位。

(2) 6 月出现旱涝急转，中下游部分支流出现异常汛情。6 月，长江流域
降水量偏多近 1 成，其中，长江上游偏少约 1 成，中下游偏多近 3 成，鄱阳湖
水系部分站点和陆水部分站点雨量超过 600mm。受强降雨影响，陆水流域 6
月 10 日出现暴雨洪水，陆水支流隽水发生超历史记录的特大洪水，崇阳站 10
日 16 时 45 分出现最高水位 59.25m，为 1984 年以来最高水位（59.01m，
1995 年 7 月 2 日），陆水水库最大入库流量达 4000m³/s（10 日 17 时）。信江、
昌江、乐安河、修水均发生了超警戒水位的洪水，其中乐安河发生了超历史
记录洪水，虎山站 16 日 10 时 30 分洪峰水位为 31.18m（相应流量为 8080m³/
s），超历史最高水位（30.73m，1967 年）0.41m。长江下游支流滁河、青弋
江、水阳江出现较大涨水过程，其中水阳江新河庄站洪峰水位为 13.00m（19
日 13 时 46 分），超过保证水位（12.50m）。7 月中旬，长江下游支流滁河、

青弋江、水阳江再次出现较大涨水过程，其中滁河晓桥站、水阳江新河庄站水位短时超警戒水位。另外，强降雨还导致武汉、成都、南京等汛期一度出现严重城市内涝。

（3）7—8 月汛情平稳，长江干流出现历史罕见低水位。7—8 月，长江流域降水量偏少 3 成，来水也相应偏少 3 成，汛情平稳，长江干流最高水位均未超过警戒水位。8 月，长江干流最低水位居历史同期最低水位前列。城陵矶站8 月最低水位为 24.34m（31 日 22 时），居历史同期最低水位第六位；汉口站8 月最低水位为 18.69m（31 日 23 时），居历史同期最低水位第五位；湖口站8 月最低水位为 12.58m（31 日 23 时），居历史同期最低水位第四位；大通站8 月最低水位为 8.98m（31 日 23 时），居历史同期最低水位第八位。

（4）9 月，嘉陵江、汉江发生典型秋汛，但中下游干流来水仍严重偏少。9 月，长江流域来水总体偏少，长江干流来水较历年同期均偏少 3～6 成。其中三峡入库水量偏少 3 成多，汉口站、大通站来水偏少 4 成多；洞庭湖城陵矶站、鄱阳湖湖口站来水分别偏少近 8 成、5 成。但是，嘉陵江北碚站来水偏多6 成，汉江白河站、沙洋站来水偏多 1.5 倍。受长江干支流来水偏少影响，9月长江中下游干流月平均水位偏低 3.00～6.00m，月最低水位亦居历史同期最低水位前列。

受持续强降雨影响，9 月中下旬，长江上游嘉陵江支流渠江发生了超历史实测记录的特大洪水，嘉陵江控制站北碚站发生了超保证水位的洪水；汉江上游出现复式洪水，丹江口入库最大 7 天洪量接近 20 年一遇，丹江口水库大量泄洪，最大出库流量为 13200m³/s，出库流量超过 10000m³/s 的时间长达 7 天。

（5）"两湖"水系、乌江汛期来水偏少，部分地区发生严重旱情。汛期（4—10 月），洞庭湖水系各支流来水除澧水 10 月偏多外，其他各支流各月均较多年均值偏少；"四水"（湘江、资江、澧水、沅江）合成 6 月、10 月较多年均值偏少 2 成，其余月份均偏少 5 成以上。鄱阳湖水系各支流来水，除信江、饶河、乐安河、潦水 5 月，饶河 8 月，信江 9 月偏多外，其余各月均较多年均值偏少；"五河"（赣江、抚河、信江、饶河、修河）合成 6 月、10 月较多年均值偏少 1 成，其他月份均偏少 3 成以上。乌江各月来水均较多年均值偏少，除 4 月、10 月偏少 3 成，其余月份均偏少 5 成以上。4 月"两湖"来水显著偏少，湘江湘潭站和长沙站、抚河李家渡站月最低水位分别为 26.59m（30日 8 时）、25.16m（30 日 8 时）、22.67m（30 日 2 时），分别位居历史最低水位第三位、第三位、第一位。9 月湘江湘潭站、赣江外洲站、抚河李家渡站、信江梅港站、潦河万家埠站月最低水位分别为 26.44m、14.15m、22.63m、17.23m、20.34m，均居历史同期最低水位首位。

1.2.2 水情发展过程

（1）1—3月，长江流域干支流总体水势平稳，来水量正常偏多。干流各站除九江站、大通站3月偏少1成外，其他各站各月来水与历年同期相比偏多1～6成。各支流1月来水除鄱阳湖"五河"合成来水正常略偏少外，其他均偏多1～6成，其中岷江高场站偏多6成以上；2月岷江高场站、汉江沙洋站来水偏多2成以上，其他支流控制站来水偏少3成以内；3月，长江支流岷江、嘉陵江、乌江、汉江各控制站来水偏多1～7成，洞庭湖、鄱阳湖出口控制站城陵矶站、湖口站来水分别偏少3～4成。

1—3月，长江上游干支流来水变化不大，干流寸滩站1—3月最大、最小流量分别为5100m³/s（3月30日15时18分）、3520m³/s（2月11日10时16分）。三峡水库入库流量1月基本平稳，1月底及2月上旬持续减少，2月中下旬及3月波动增加，1—3月最大、最小入库流量分别为6800m³/s（3月27日20时）、3700m³/s（2月9日20时）；三峡水库1月上旬出库流量基本维持在6300m³/s左右，1月中下旬维持在7500m³/s左右，2月及3月上旬维持在6000m³/s左右，3月中下旬逐步增加至8500m³/s；三峡水库水位1—3月持续下降，由1月1日8时的174.64m，下降至4月1日8时的162.50m，水位总体下降12.14m，向下游补水108.92亿m³，平均补水1400m³/s。

受三峡水库调度影响，宜昌站1月涨水，1月底快速退水，2月及3月上旬基本平稳，3月中下旬持续上涨，1—3月最大、最小流量分别为8860m³/s（3月31日16时）、5570m³/s（2月15日19时30分）。荆江河段各站水位变化过程与宜昌站来水相对应，中下游干流螺山以下各站1月涨水，2月上旬退水，2月中下旬及3月中上旬平稳，3月中下旬涨水，汉口站、大通站1—3月最高水位分别为16.23m（3月28日0时）、5.97m（3月31日2时），最低水位分别为14.51m（2月12日20时）、4.60m（2月14日20时）。1—3月，长江中下游"两湖"各支流来水平稳。

（2）4月，长江上游主要支流来水总体平稳波动，上游干流寸滩站流量上中旬基本平衡，下旬波动缓退，月末转涨，月最大流量5480m³/s（4日20时），月最小流量3930m³/s（29日11时）。三峡水库入库流量上中旬基本平稳，下旬波动减小，月最大入库流量6800m³/s（9日20时），月最小入库流量5000m³/s（30日2时）；4月1日出库流量均值为8090m³/s，2—5日维持在6340m³/s左右，其后逐步加大，8—22日基本维持在8400m³/s左右，其后又逐步减小；库水位持续降低，由月初的162.50m（1日8时）退至5月1日8时的156.50m，4月水位下降6.00m，蓄水量减少42.51亿m³，向下游平均补水1640m³/s。宜昌站上旬流量降低至 5950m³/s（4 日 21 时 30 分）后转涨，4 月 7 日后维持在 8000m³/s 左右小幅波动；螺山—大通江段水位过程总体上为上旬退水、中旬转涨、下旬现峰转退，汉口站、大通站月最高水位分别为 16.10m（1 日 0 时）、6.09m（21 日 18 时）。中下游"两湖"各支流来水偏枯，部分支流分别出现或接近历史最低水位，湘江湘潭站、长沙站、抚河李家渡站月最低水位分别为 26.59m（30 日 8 时）、25.15m（30 日 8 时）、22.67m（29 日 20 时），分别位居历史同期最低水位第三位、第三位、第一位。

（3）5 月，长江上游主要干支流、"两湖"水系均出现涨水过程，中下游干流水位总体呈波动上涨态势。岷江、嘉陵江分别于中旬、下旬各出现一次涨水过程，长江上游干流寸滩站流量上中旬涨至月最大流量 9000m³/s（12 日 17 时）后消退，下旬有两次小幅涨水过程；乌江武隆站流量频繁大幅波动，月最大流量 2300m³/s（21 日 20 时），月最小流量 345m³/s（19 日 16 时）。三峡水库入库流量波动增加，月最大入库流量 10600m³/s（31 日 14 时），月最小入库流量 5300m³/s（7 月 14 时）；出库流量相应增加，月最大出库流量 14100m³/s（31 日 20 时），月最小出库流量 5680m³/s（1 日 8 时）；库水位波动下降，由月初（5 月 1 日 8 时）156.50m 下降至月末（6 月 1 日 8 时）149.52m，共下降 6.98m，向下游补水 43.58 亿 m³，平均向下游补水 1630m³/s。受上游及"两湖"水系增量来水影响，长江中下游干流各站波动涨水，汉口站、大通站月最高水位分别为 17.04m（25 日 0 时）、6.69m（24 日 20 时）。由于"两湖"地区来水偏少，长江中下游干流水位出现历史同期最低或接近历史同期最低，其中，汉口站 5 月 4 日 14 时水位 14.86m，居历史同期最低水位第四位；大通站 5 月 3 日 12 时水位 5.25m，居历史同期最低水位第一位。5 月中下游"两湖"大部分支流出现了涨水过程，洞庭湖湘江湘潭站、资水桃江站、沅江桃源站、鄱阳湖赣江外洲站、信江梅港站分别出现一次涨水过程。受降水持续偏少影响，湘江湘潭站、赣江外洲站、抚河李家渡站均出现了历史同期最低水位。湘江湘潭站、赣江外洲站、抚河李家渡站月最低水位分别为 26.88m（1 日 8 时）、13.19m（1 日 8 时）、22.74m（22 日 14 时），均位居历史同期最低水位第一位。

（4）6 月，长江上游出现一次明显涨水过程，中下游"两湖"水系多条支流出现超警戒水位、超保证水位或超历史记录的洪水，为各支流 2011 年最大洪水过程。

金沙江屏山站来水波动增加，24 日出现月最大流量 6200m³/s 后转退；岷沱江中下旬出现一次小幅涨水过程，高场站、富顺站分别于中旬、下旬出现月最大流量 5380m³/s、1270m³/s 后转退；嘉陵江下旬出现一次较大涨水过程，24 日北碚站出现月最大流量 18900m³/s。受上述来水影响，寸滩站下旬出现一次快速涨水过程，24 日涨至月最大流量 31100m³/s 后转退；乌江武隆站流量频繁大幅波动，月最大流量 4150m³/s（24 日 0 时 30 分），月最小流量 472m³/s（2 日 4 时）。三峡水库上旬对中下游补水，库水位下降，库水位由月初的 149.63m 降至 13 日 20 时的 145.29m，水位降幅 4.34m，共补水 21.4 亿 m³，平均增加下游流量 1980m³/s。中下旬在上游及三峡区间来水作用下，三峡水库入库流量 14 日起快速增加，23 日 20 时出现月最大入库流量 39000m³/s；出库流量 15 日起逐渐增大，25 日 14 时出现月最大出库流量 28100m³/s，库水位由月最低水位 145.11m（22 日 20 时）快速回升至 149.80m（26 日 8 时）后再次回落。受强降雨影响，陆水流域 10 日出现暴雨洪水，崇阳站 10 日 16 时 45 分出现最高水位 59.25m，为 1984 年以来最高水位（59.01m，1995 年 7 月 2 日）。

洞庭湖湘江支流、资水支流及桃江站中旬出现短历时超警戒水位洪水，资水桃江站 10 日出现年最高水位 39.60m（相应流量 4380m³/s），超警戒水位 0.40m；湘江湘潭站、沅江桃源站、澧水石门站分别于 16 日、9 日、19 日出现年最大流量 9650m³/s、9440m³/s、5660m³/s；鄱阳湖赣江、抚河出现明显涨水过程，信江、昌江、乐安河、修水均发生超警戒水位洪水，也是 2011 年最大洪水。其中乐安河发生超历史记录洪水，虎山站 16 日 10 时 30 分洪峰水位 31.18m，洪峰流量 8040m³/s，超历史最高水位 0.41m；梅港站最高水位 26.00m（8 日 5 时），洪峰流量 6700m³/s，达到警戒水位；渡峰坑站最高水位 32.10m（15 日 18 时 30 分），洪峰流量 6250m³/s，超警戒水位 3.60m。

受"两湖"来水及区间强降雨影响，长江中下游干流监利以下各站持续涨水，相继于月底出现年最高水位后现峰转退。汉口站、大通站分别于 29 日 18 时、22 日 20 时出现年最高水位 23.32m、12.11m。城陵矶站、湖口站分别于 29 日 18 时、22 日 17 时出现年最高水位 29.41m、17.21m。

（5）7 月，长江上游主要支流均出现较大涨水过程，金沙江屏山站中旬起快速涨水，20 日涨至年最大流量 11800m³/s 后快速消退；岷沱江、嘉陵江上旬和月底分别出现一次较大涨水过程，高场站、富顺站分别于 5 日、31 日出现年最大流量 10800m³/s、4820m³/s，北碚站 8 日出现月最大流量 22400m³/s 后转退，月底再度快速上涨；长江上游寸滩站上旬、中下旬、月底出现 3 次涨水过程，其中以第一次为最大，8 日出现洪峰流量 34400m³/s；乌江武隆站流量呈现日周期性大幅波动，月最大流量 2580m³/s，月最小流量 278m³/s。在长江上游及三峡区间来水共同作用下，三峡水库上中旬入库流量快速增加，8 日出现月最大入库流量 36000m³/s，此后快速消退，下半月再次涨水，23 日出现入库洪峰流量 21000m³/s，出库流量自 6 日起逐渐增大，7 日增至月最大出库流量 29200m³/s，13 日开始按日均出库 18500m³/s 左右控制，库水位在汛限水位上下波动，月最低库水位 145.10m，月最高库水位 148.47m。

洞庭"四水"来水基本平稳；鄱阳湖"五河"中旬均出现一次小幅涨水过程；汉江上游上旬出现一次快速涨水过程，白河站 7 日出现月最大流量 7650m³/s 后快速退水，中下旬来水基本平稳；丹江口水库入库来水上旬出现一次快速涨水过程，8 月出现月最大入库流量 7870m³/s 后转退，中下旬入库流量基本平稳，库水位月初起持续上升，31 日 8 时升至 144.14m；汉江中下游干流各站流量变化不大。长江下游支流滁河、青弋江、水阳江中旬出现较大涨水过程，其中滁河、水阳江控制站水位短时超警戒水位，滁河晓桥站 20 日涨至年最高水位 9.84m，超警戒水位 0.34m；水阳江新河庄站 20 日涨至月最高水位 11.79m，超警戒水位 0.79m。长江中下游干流各站持续退水。

（6）8 月，金沙江屏山站上中旬来水有所增加，10 日出现月最大流量 9280m³/s 后退水，下旬水势基本平稳；支流岷江高场站中下旬出现一次涨水过程，22 日出现月最大流量 9730m³/s 后消退；嘉陵江、乌江上旬均出现明显涨水过程，北碚站、武隆站分别于 6 日、5 日出现最大流量 21400m³/s、5220m³/s，其中武隆站为年最大流量。长江上游寸滩站上旬、下旬各出现一次涨水过程，洪峰流量分别为 33100m³/s（7 月 3 时，为月最大）、18800m³/s（23 日 16 时）。在长江上游及三峡区间来水增加共同作用下，三峡水库入库流量快速增加，7 日出现月最大入库流量为 38000m³/s，此后快速消退，下旬入库流量小幅增加，23 日出现入库洪峰流量 24000m³/s。上旬库水位由月最低库水位 145.43m 回升，8 日升至月最高库水位 153.84m 后回落，中下旬受岷江及三峡区间来水增加影响，库水位再次回涨。

洞庭"四水"、鄱阳"五河"来水基本平稳，其中 31 日湘江湘潭站出现月最低水位 26.30m，居历史同期月最低水位第一位；汉江上游出现两次明显涨水过程，白河站 5 日出现月最大流量 12000m³/s，中下旬来水基本平稳；丹江口水库库水位自月初起持续上升，最高升至 152.11m（30 日 2 时），其后维持在 152.00m 左右；汉江中下游干流各站上中旬出现了一次小幅涨水过程；长江下游支流滁河、青弋江、水阳江来水基本平稳。长江中下游干流各站上中旬依次出现一次涨水过程，其中城陵矶站、汉口站、湖口站、大通站分别于 13 日、13 日、16 日、16 日出现月最高水位 28.13m、21.67m、14.28m、9.91m，中下旬起各站持续退水。

（7）9 月，长江上游干支流金沙江、岷江、沱江来水变化不大；受持续强降雨影响，嘉陵江支流渠江中下旬发生超历史实测记录特大洪水，渠江上游巴河风滩站 18 日出现洪峰水位 303.88m，超保证水位 2.48m，超历史最高水位 3.01m，相应流量 29900m³/s；三汇水文站（四川渠县）19 日洪峰水位

267.81m，超保证水位 6.67m，相应流量 29400m³/s，为 1939 年有实测资料以来最大洪水；渠江控制站罗渡溪水文站 20 日洪峰水位 227.92m，超保证水位 5.95m，相应流量 28300m³/s，超历史最大流量；嘉陵江干流控制站北碚站 20 日 17 时出现洪峰水位 199.31m，超保证水位 0.31m，相应流量 35700m³/s，居历史最大值第四位。长江上游干流寸滩站出现 3 次明显涨水过程，洪峰逐步增大，分别于 10 日、15 日、20 日出现洪峰流量 15100m³/s、23700m³/s、44100m³/s；乌江武隆站流量 1—7 日在 323～1760m³/s 间波动，8 日起基本在 300～700m³/s 间波动。三峡水库出现年内最大入库洪水，进入中旬，在长江上游及三峡区间来水增加的共同作用下，三峡水库来水出现两次快速涨水过程，通过调度对两次洪水过程进行了拦蓄，总拦蓄水量 105.2 亿 m³。第一次洪水过程，最大入库流量 35000m³/s（15 日 8 时），三峡水库以 10500m³/s 左右流量控制下泄，拦洪调蓄以后最高库水位 160.50m，涨幅 6.67m，自 14 日 2 时至 18 日 8 时共拦蓄洪水 45.3 亿 m³。第二次洪水过程，最大入库流量 46500m³/s（21 日 8 时），最大出库流量为 26 台机组发电下泄流量（其他 3 台机组因国家电网线路改造，无法投入运行），流量为 21100m³/s（19 日 20 时），拦洪调蓄以后最高库水位 167.99m（23 日 9 时），涨幅 7.50m，自 18 日 20 时至 23 日 9 时拦蓄水量 60 亿 m³。

洞庭“四水”、鄱阳“五河”来水平稳偏枯，湘江湘潭站、赣江外洲站、抚河李家渡站、信江梅港站、潦河万家埠站月最低水位分别为 26.35m、14.14m、22.63m、17.23m、20.35m，均居历史同期最低水位。

汉江上游出现复式洪水，丹江口入库流量出现两次快速涨水过程，分别于 14 日和 19 日出现最大入库流量 22100m³/s 和 26600m³/s，最大入库洪峰流量接近 10 年一遇，最大 7 天洪量接近 20 年一遇，丹江口水库自 9 日起开始预泄腾空库容，最多开启 9 深孔 4 堰孔泄洪，最大泄洪流量 13200m³/s，泄洪流量超过 10000m³/s 的时间达 7 天。主要受丹江口泄洪影响，汉江中游出现一次快速涨水过程，汉江中下游皇庄站 21 日出现洪峰水位 47.35m（洪峰流量 13900m³/s）；沙洋站、仙桃站、汉川站于 21 日相继出现洪峰，洪峰水位分别为 42.45m（洪峰流量 13700m³/s）、36.23m（洪峰流量 10600m³/s）、30.55m（水位站，无流量监测），分别超警戒水位 0.65m、1.13m、1.55m，其中仙桃站超保证水位 0.03m。为保证汉江下游泄洪安全，汉江杜家台分洪闸于 21 日 12 时 17 分开闸分流，分流流量 1010m³/s，实测最大分流流量 1170m³/s（21 日 14 时 29 分）。上旬，长江中下游干流监利以下各站持续退水，进入中旬在长江上游和汉江来水共同影响下，长江中下游干流各站全线出现涨水过程，其中，城陵矶站、汉口站、湖口站、大通站洪峰水位分别为 26.02m（26 日 16 时）、20.40m（25 日 8 时）、13.12m（28 日 15 时）、9.03m（29 日 3 时），均为本月最高水位，涨幅在 2.00～3.50m 之间。

（8）10 月，上游干流寸滩站 10 日起流量逐渐增加，14 日出现月最大流量 11000m³/s 后持续消退；受三峡水库蓄水影响，宜昌站上中旬流量在 8000m³/s 上下频繁波动，下旬在 9000m³/s 左右波动；"两湖"水系来水平稳，除澧水石门站在月初出现一次洪峰流量为 3260m³/s 的涨水过程、赣江外洲站月中出现一次洪峰流量为 2510m³/s 的涨水过程外，其他支流没有较大来水。中下游干流监利以下各站波动退水，汉口站、大通站月最低水位分别为 16.18m（31 日 20 时）、6.36m（23 日 8 时）。三峡水库库水位由月初的 166.22m（1 日 8 时）蓄至 30 日 20 时的 175.01m（月最高），累计抬高水位 8.79m，累计蓄水量 82.8 亿 m³。汉江丹江口库水位月初开始上升，21 日 2 时蓄至 156.63m（月最大），此后缓慢下降。

（9）11—12 月，长江上游除嘉陵江北碚站出现一次洪峰流量为 11900m³/s（11 月 6 日 5 时 15 分）的来水过程外，各干支流来水平稳。长江上游干流寸滩站 11 月 6 日 8 时出现洪峰流量 17000m³/s 后退水，11 月 22 日后流量在 4000～5500m³/s 之间波动，三峡水库 11 月 7 日 8 时出现最大入库流量 24000m³/s 后转退，12 月 1 日后入库流量在 6000m³/s 上下波动，出库流量 11 月 7 日 8 时达到最大值 23700m³/s，此后逐渐减小，12 月 1 日后出库流量在 6000m³/s 上下波动，库水位在 174.19～175.06m 之间波动。长江中下游干流各主要控制站均于 11 月中旬出现最高水位后逐渐退水。

长江干流寸滩站、宜昌站、汉口站、大通站 2011 年流量过程线见图 1.2 - 1～图 1.2 - 4。

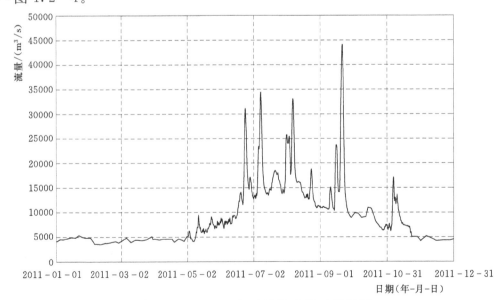

图 1.2 - 1　2011 年寸滩站流量过程线图

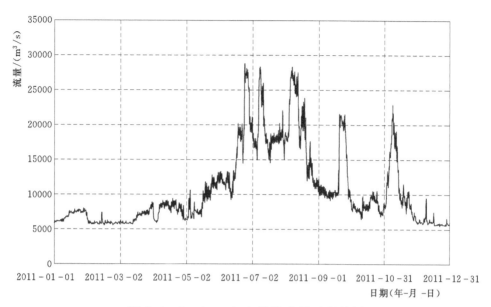

图 1.2-2　2011 年宜昌站流量过程线图

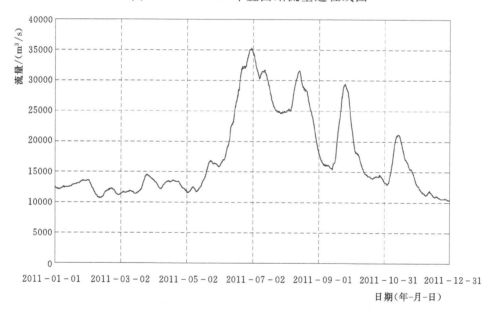

图 1.2-3　2011 年汉口站流量过程线图

1.2.3　主要洪水过程

2011 年汛期，长江干流水情总体平稳，6 月出现旱涝急转，中下游部分支流出现异常汛情；9 月中下旬长江上游发生了 2011 年三峡最大入库洪水，最大入库流量为 46500m³/s，量级为中小洪水；部分支流发生局部性严重洪水，其中

17

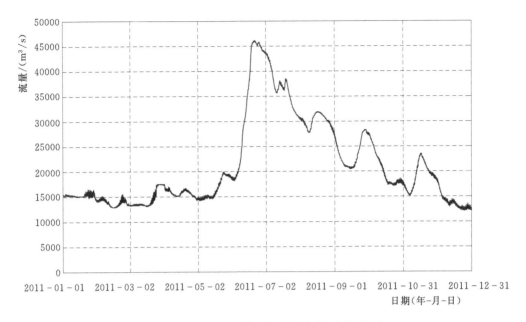

图 1.2-4　2011 年大通站流量过程线图

嘉陵江支流渠江发生了超历史实测记录的特大洪水；汉江丹江口水库出现最大入库洪峰流量接近 10 年一遇、最大 7 天洪量接近 20 年一遇的洪水。

1.2.3.1　6 月长江上游及"两湖"洪水

6 月，长江上游出现一次明显涨水过程，中下游"两湖"水系多条支流出现超警戒水位、超保证水位或超历史记录的洪水，为各支流 2011 年最大洪水过程。

金沙江屏山站来水波动增加，24 日出现最大流量 6200m³/s。岷沱江中下旬出现一次小幅涨水过程，高场站、富顺站分别于中旬、下旬出现最大流量 5380m³/s、1270m³/s。嘉陵江 6 月下旬出现一次较大涨水过程，24 日北碚站出现最大流量 18900m³/s。受上述来水影响，寸滩站 6 月下旬出现一次快速涨水过程，6 月 24 日涨至最大流量 31100m³/s。乌江武隆站流量频繁大幅波动，月最大流量为 4150m³/s（24 日 0 时 30 分），月最小流量为 472m³/s（2 日 4 时）。三峡水库入库流量 14 日起快速增加，23 日 20 时出现最大入库流量 39000m³/s，出库流量 15 日起逐渐增大，25 日 14 时出现最大出库流量 28100m³/s，库水位由最低水位 145.11m（22 日 20 时）快速回升至 149.80m（26 日 8 时）后再次回落。受强降雨影响，陆水流域 10 日出现暴雨洪水，崇阳站 10 日 16 时 45 分出现最高水位 59.25m，为 1984 年以来最高水位（59.01m，1995 年 7 月 2 日）。

洞庭湖湘江支流及资水干支流中旬出现短历时超警戒水位洪水。资水桃江站 10 日出现了年最高水位 39.60m（相应流量为 4380m³/s），超过警戒水位 0.40m；湘江湘潭站、沅江桃源站、澧水石门站分别于 16 日、9 日、19 日出现年最大流量 9650m³/s、9440m³/s、5660m³/s。鄱阳湖赣江、抚河出现明显涨水过程，信江、昌江、乐安河、修水均发生了超警戒水位洪水，也是 2011 年最大洪水。其中乐安河发生了超历史记录洪水，虎山站 16 日 10 时 30 分洪峰水位为 31.18m，洪峰流量为 8040m³/s，超过历史最高水位 0.41m；梅港站最高水位为 26.00m（8 日 5 时），洪峰流量为 6700m³/s，达到警戒水位；渡峰坑站最高水位为 32.10m（15 日 18 时 30 分），洪峰流量为 6250m³/s，超过警戒水位 3.60m。

受"两湖"来水及区间强降雨影响，长江中下游干流监利以下各站持续涨水，相继于月底出现年最高水位后转退。汉口站、大通站分别于 29 日 18 时、22 日 20 时出现年最高水位 23.32m、12.11m。城陵矶站、湖口站分别于 29 日 18 时、22 日 17 时出现年最高水位 29.41m、17.21m。

1.2.3.2 嘉陵江洪水

9 月中下旬，受持续强降雨影响，嘉陵江支流渠江发生了超历史实测记录的特大洪水。渠江上游巴河风滩站 18 日出现洪峰水位 303.88m，超过保证水位 2.48m，超过历史最高水位 3.01m，相应流量为 29900m³/s，超过历史最大流量；三汇水文站（四川渠县）19 日洪峰水位为 267.81m，超过保证水位 6.67m，相应流量为 29400m³/s，为 1939 年有实测资料以来的最大洪水；渠江控制站罗渡溪水文站 20 日洪峰水位为 227.92m，超过保证水位 5.95m，相应流量为 28300m³/s，超过历史最大流量；嘉陵江干流控制站北碚站 20 日 17 时出现洪峰水位 199.31m，超过保证水位 0.31m，相应流量为 35700m³/s，居历史最大值第四位。

1.2.3.3 三峡水库年最大入库洪水

9 月中下旬，长江上游干流寸滩站 20 日出现年内最大洪峰流量 44100m³/s。在长江上游来水及三峡区间来水的共同作用下，三峡水库出现年内最大入库流量 46500m³/s（21 日 8 时）。针对此次来水过程，三峡水库实施了拦洪调度，库水位最高蓄至 167.99m（23 日 9 时），涨幅为 7.50m，最大出库流量为 21100m³/s（19 日 20 时），拦蓄水量为 60 亿 m³（18 日 20 时至 23 日 9 时）。

1.2.3.4 汉江洪水

9 月，汉江上游出现复式洪水，白河站 19 日 3 时 6 分洪峰水位为 190.07m（洪峰流量为 20700m³/s），超警戒水位 3.07m，居历史最大水位第八位；丹江口入库流量出现两次快速涨水过程，分别于 14 日和 19 日出现最大入库流量 22100m³/s 和 26600m³/s，最大入库洪峰流量接近 10 年一遇，最大 7 天洪量接近 20 年一遇。针对此次洪水过程，丹江口水库自 9 日起开始预泄腾空库容，最多开启 9 深孔 4 堰孔泄洪，最大泄洪流量为 13200m³/s，泄洪流量超过 10000m³/s 的时间达 7 天。受丹江口泄洪影响，汉江中游出现一次快速涨水过程，汉江中下游皇庄站 21 日出现洪峰水位 47.35m（洪峰流量为 13900m³/s）；沙洋站、仙桃站、汉川站于 21 日相继出现洪峰，洪峰水位分别为 42.45m（洪峰流量为 13700m³/s）、36.23m（洪峰流量为 10600m³/s）、30.55m，分别超过警戒水位 0.65m、1.13m、1.55m，其中仙桃站超过保证水位 0.03m。为保证汉江下游防洪安全，汉江杜家台分洪闸于 21 日 12 时 17 分开闸分流，实测最大分流流量为 1170m³/s（21 日 14 时 29 分）。

1.2.4　洪水分析

1.2.4.1　年最大洪峰还原分析

2011 年 9 月 21 日 8 时，三峡水库出现年最大入库流量 46500m³/s。三峡水库成功实施了拦洪调度，库水位最高蓄至 167.99m（23 日 9 时），最大出库流量为 21100m³/s（19 日 20 时）。受此影响，长江中下游干流各站全线出现涨水过程，涨幅在 2.00～3.50m 之间。为了解该场洪水中三峡水库调度对长江中下游来水的影响，假定三峡水库未建库（天然，其他水库及湖泊的调蓄作用均未考虑）进行还原计算，分析宜昌站可能出现的洪峰值。

（1）还原计算方法。上游干流寸滩站及乌江武隆站等来水均采用实际报汛过程，区间来水则依据实况降雨报汛资料，采用原有的建库前预报方案，按天然河道状况进行马斯京根模型分段连续演算至宜昌，区间来水分段计算后直接叠加，推求三峡水库坝址（宜昌站）洪水过程。

（2）洪水还原计算结果。根据 2011 年 9 月 21 日洪峰形成过程中寸滩、武隆及三峡区间来水，按照上述天然河道洪水计算方法演算至宜昌，得到宜昌还原流量过程。宜昌站还原洪峰流量为 40300m³/s（实况：21 日 8 时流量为 21400m³/s）。

1.2.4.2　年最大洪峰特征

2011 年最大洪峰在历史最大流量、最高水位排序中，干流各控制站均排在较后的位置。上游嘉陵江支流渠江上游巴河风滩站年最高水位为 303.88m，超历史最高水位 3.01m，年最大流量为 29900m³/s，超过历史最大流量，年最高水位、年最大流量均居历史极大值第一位；三汇水文站年最高水位为 267.81m，超过保证水位 6.67m，年最大流量为 29400m³/s，为 1939 年有实测资料以来最大洪水，100 年一遇，年最高水位、年最大流量均居历史极大值第一位；控制站罗渡溪水文站年最高水位为 227.92m，超过保证水位 5.95m，年最大流量为 28300m³/s，50 年一遇，为 1953 年有实测资料以来最大洪水，年最高水位、年最大流量均居历史极大值第一位；嘉陵江干流控制站北碚水文站年最高水位为 199.31m，超过保证水位 0.31m，年最大流量为 35700m³/s，10 年一遇，为 1981 年以来历史最大值第三位，居历史极大值第四位，见表 1.2-1。

表 1.2－1　　2011 年长江流域各主要站最高水位、最大流量统计表

河名	站名	最高水位					最大流量				
		2011年/m	出现时间（月-日 时:分）	历年最高/m	出现日期（年-月-日）	年最高水位排序	2011年/(m³/s)	出现时间（月-日 时:分）	历年最高/(m³/s)	出现日期（年-月-日）	年最大流量排序
长江	寸滩	179.69	09-21 06:30	192.78	1905-08-11		44100	09-21 00:00	85700	1981-07-16	
	宜昌	48.16	07-08 22:30	55.92	1896-09-04		28800	06-25 00:00	71100	1896-09-04	
	沙市	39.42	06-28 01:00	45.22	1998-08-17		24000	08-07 00:00	54600	1981-07-19	
	城陵矶（莲）	29.31	06-29 10:00	35.80	1998-08-20						
	汉口	23.32	06-29 18:00	29.73	1954-08-18		35300	06-30 20:00	76100	1954-08-14	
	九江	17.58	06-22 16:00	23.03	1998-08-02		36000	06-30 20:00	75000	1996-07-23	
	大通	12.11	06-22 20:00	16.64	1954-08-01		46100	06-22 20:00	92600	1954-08-01	
岷江	高场	281.67	07-05 09:00	290.12	1961-06-29		10800	07-05 07:00	34100	1961-06-29	
沱江	富顺	269.05	07-31 18:00				4820	07-31 16:30			
嘉陵江	武胜	222.31	09-20 00:00	232.06	1981-07-16	21	13500	09-20 00:00	28900	1981-07-15	21
	北碚	199.31	09-20 16:30	208.17	1981-07-16	15	35700	09-20 13:00	44800	1981-07-16	4
渠江	凤滩	303.88	09-18 18:00	300.87	2007-07-06	1	29900	09-18 18:00	26700	1965-09-05	1
	三江	267.81	09-19 08:30	266.60	2010-07-19	1	29400	09-19 08:30	27700	2010-07-19	1
涪江	罗渡溪	227.92	09-20 10:00	227.53	2007-07-19	1	28300	09-20 10:00	27900	2010-07-19	1
	小河坝	236.15	07-31 05:30				5250	07-31 05:12	28700	1981-07-15	
乌江	武隆	181.44	08-05 23:30	204.63	1999-06-30		5220	08-05 23:00	22800	1999-06-30	

1.2.4.3　年最大洪水组成分析

按金沙江、岷江、沱江、嘉陵江、乌江以及屏山—宜昌区间几大分区，分析三峡（入库）最大 7 天、15 天、30 天、60 天洪量的洪水地区组成情况。

三峡入库最大 15 天、30 天、60 天洪量均以金沙江屏山站来水所占比重最大，最大 7 天洪量嘉陵江北碚站来水所占比重高于金沙江屏山站。由此可知，2011 年三峡最大入库洪水主要由金沙江和嘉陵江来水组成。金沙江屏山站最大 7 天、15 天、30 天、60 天洪量分别为 44.8 亿 m³、93.6 亿 m³、194.0 亿 m³、337.8 亿 m³，占三峡入库洪量的比重分别为 28.5%、32.4%、35.6%、31.3%，除最大 7 天洪量排第二位外，其他均居时段最大洪量的首位；嘉陵江北碚站最大 7 天洪量为 53.7 亿 m³，占三峡入库洪量的比重为 34.2%，排首位，其他均居时段最大洪量的第二位；岷江高场站各时段最大洪量排第三位，见表 1.2-2。

表 1.2-2　　　2011 年长江干流宜昌站各时段洪量地区组成表

河名	站名	7 天洪量		15 天洪量		30 天洪量		60 天洪量	
		洪量/亿 m³	占入库/%	洪量/亿 m³	占入库/%	洪量/亿 m³	占入库/%	洪量/亿 m³	占入库/%
金沙江	屏山	44.8	28.5	93.6	32.4	194	35.6	337.8	31.3
岷江	高场	19.2	12.2	42.8	14.8	98.3	18.0	210.5	19.5
沱江	富顺	5.4	3.4	9.3	3.2	18.7	3.4	34.3	3.2
嘉陵江	北碚	53.7	34.2	81.5	28.2	126.3	23.2	256.9	23.8
长江上游干流区间		9.5	6.0	18.1	6.3	31.6	5.8	76.7	7.1
长江	寸滩	132.6	84.4	245.3	84.9	468.9	86.1	916.2	84.8
乌江	武隆	12.5	8.0	19.9	6.9	35.8	6.6	74.6	6.9
三峡区间		12	7.6	23.6	8.2	39.9	7.3	89.6	8.3
三峡（入库）		157.1	100.0	288.8	100.0	544.6	100.0	1080.4	100.0
三峡蓄量		-4.5		-17.66		0.89		2.33	
长江	宜昌	158.8		302.2		537.4		1067.6	
	宜昌还原	157.1		288.8		544.6		1080.4	

第 2 章

水 库 调 度

入汛以来，特别是进入 9 月中旬，汉江上游、嘉陵江流域先后出现了 3 场强降雨过程。受强降雨影响，渠江发生了 100 年一遇的超历史记录特大洪水，汉江上游发生了 20 年一遇的大洪水，汉江下游仙桃站发生了超保证水位的洪水。上述洪水均为 2005 年以来最大秋汛。在国家防汛抗旱总指挥部（以下简称国家防总）的领导下，长江防汛抗旱总指挥部（以下简称长江防总）与流域各省（自治区、直辖市）防汛抗旱指挥部一道，及时了解雨情、水情、工情、旱情，严格按照防汛抗旱预案，在充分发挥河道泄洪能力的前提下，科学有效地调度水利工程，通过提前预泄、及时错峰、防洪发电航运协调等实时调度，充分发挥了水库的防洪减灾效益，较好地实现了水库综合利用，实践了从控制洪水向洪水管理的转变。2011 年汛期，长江防总办公室共组织 63 次防汛会商会，对三峡水库下发 26 道调度令，对丹江口水库下发 13 道调度令，向有关省（自治区、直辖市）通报重大汛情 4 次。

2.1 三 峡 水 库 调 度

三峡工程进入试验蓄水期以来，为实现 175m 蓄水目标，全面发挥三峡工程的综合效益，结合水库运用实践进一步开展了水库综合利用调度研究与实践。针对各用水部门在提高综合利用效益、保障供水安全和维护河流生态方面对水库调度提出的更高要求，分析水文情势、工程运用条件的变化情况，开展了大量协调多目标需求的水库调度优化研究，进一步完善了三峡水库综合利用调度方式，全面提高了三峡工程综合利用效益。

2.1.1 工程建设情况

三峡工程采用"一级开发、一次建成、分期蓄水、连续移民"的建设方案，按照初步设计及施工总进度安排，在各方面的共同努力下，工程建设进展顺利。工程于 2003 年 6 月顺利实现了蓄水、通航和 7 月首批机组发电三大目标。右岸大坝于 2006 年 5 月 20 日全线浇筑至坝顶高程 185.00m，总体进度提前，为使三峡工程提前发挥更大的综合效益，三峡工程 2006 年汛后蓄水至 156.00m 水位，较初步设计提前一年进入了初期运行期。2007 年汛前完成两线船闸改建工程后，枢纽工程已具备全线挡水 175m 的条件。2008 年汛末三峡工程开始实施 175m 试验性蓄水。2009 年汛后，枢纽工程完工，水库移民搬迁任务完成，具备蓄水至正常蓄水位 175m 的运行条件。2010 年，三峡电站 26 台机组全部投入运行，枢纽所有泄洪设施投入正常运用，泄流能力达到正常运行期设计标准。2011 年三峡工程除升船机和地下电站工程还在建设外，三峡电站 26 台机组和地下电站的 3 台机组投入运行。

2.1.2　初步设计调度方式

三峡工程的防洪调度方式主要考虑以控制沙市站水位为标准的荆江河段防洪补偿调度（简称对荆江河段进行补偿调度），也研究了同时考虑对荆江河段和城陵矶河段进行防洪补偿调度（简称对城陵矶河段进行补偿调度）。对城陵矶河段进行补偿调度，目的是在保证荆江河段遇特大洪水时防洪安全的前提下，尽可能提高三峡水库对一般洪水的防洪作用，这种方式能获得较大的多年平均防洪效益，但荆江河段的补偿库容会有所减小，为稳妥起见，三峡工程主要采用对荆江河段进行补偿调度的方式作为三峡水库的设计调度方式。

三峡坝址至荆江防洪控制点沙市之间还有清江、沮漳河等支流入汇，这些支流有时也会产生较大的洪水。为了防洪安全，三峡水库防洪调度应对这一区间洪水进行补偿调度，经过对洪水预报预见期研究，三峡工程对荆江防洪控制点沙市站至宜昌区间的洪水进行补偿调度是现实可行的。从发挥三峡水库对一般洪水的调蓄削峰作用及荆江防洪的重要性考虑，三峡工程的防洪调度应根据洪水大小采取分级补偿调度方式。荆江河段两岸堤防按规划加高加固后，防洪控制点沙市站设计防御水位 45.00m，相应枝城站流量为 60600m³/s，加上可能采用的分蓄洪措施，荆江河段可勉强通过枝城站下泄 80000m³/s 流量。因此遇 1000 年一遇洪水或类似 1870 年洪水，经三峡水库调蓄，应控制沙市站水位不超过 45.00m，枝城站泄量不超过 80000m³/s。根据以上所考虑的主要因素，三峡工程采用的对荆江河段进行补偿调度的设计调度方式如下：

（1）遇 100 年一遇以下洪水，按控制沙市站水位 44.50m 进行补偿调节，相应控制补偿枝城站泄量为 56700m³/s。

（2）遇 100 年一遇～1000 年一遇洪水，按相应控制补偿枝城站最大流量不超过 80000m³/s 进行补偿调节，采取分洪措施控制沙市站水位 45.00m。

（3）洪水超过 1000 年一遇或水库水位已达 175.00m，则以保证大坝安全为原则控制水库蓄泄，水库按泄流能力下泄，不再考虑下游防洪要求，但下泄流量不大于入库流量。

三峡工程按对荆江河段补偿方式水库调洪计算成果见表 2.1-1。

表 2.1-1　　三峡工程 175m 方案调洪计算成果表（坝址洪水）

项　　目		正常运用期
正常蓄水位/m		175.00
防洪限制水位/m		145.00
枯水期消落低水位/m		155.00
100 年一遇洪水	枝城最大泄量/(m³/s)	56700
	水库拦蓄量/亿 m³	143.3
	最高库水位/m	166.70
1000 年一遇洪水	枝城最大泄量/(m³/s)	71500
	水库拦蓄量/亿 m³	221.5
	最高库水位/m	175.00
校核洪水（10000 年一遇＋10％）	水库最大泄量/(m³/s)	98200
	水库拦蓄量/亿 m³	263.1
	最高库水位/m	178.90

三峡工程初步设计阶段，为严格论证防洪作用，采用更接近建库后实际的入库设计洪水，在长江水利委员会（以下简称长江委）多年研究的基础上，对水库动库容调洪做了进一步研究。采用入库洪水动库容调洪计算，对坝址洪水静库容调洪结果进行复核，以保证水库的设计防洪能力及工程的安全余度。计算表明，对 100 年一遇及 1000 年一遇洪水，入库洪水动库容调洪结果与所采用的坝址洪水静库容调洪结果比较，最高蓄水位及最大下泄量均相同或相近；遇校核洪水时最高库水位及最大下泄量有较小幅度的增加，三峡坝顶高程 185.00m，距校核洪水位有足够的余度，可保证大坝安全。三峡工程初步设计报告中动库容调洪成果按各洪水典型的最不利演算结果见表 2.1-2。

表 2.1-2　　三峡工程调洪计算成果表（入库洪水）

项　　目		正常运用期
正常蓄水位/m		175.00
防洪限制水位/m		145.00
枯水期消落低水位/m		155.00
100 年一遇洪水	枝城最大泄量/(m³/s)	56700
	最高库水位/m	166.90
1000 年一遇洪水	枝城最大泄量/(m³/s)	70200
	最高库水位/m	175.00
校核洪水（10000 年一遇＋10％）	水库最大泄量/(m³/s)	102500
	最高库水位/m	180.40

入库洪水动库容调洪的结果表明，三峡水库防御 100 年一遇入库洪水的能力是相当充分的；对 1000 年一遇入库洪水，最大控制泄量距 80000m³/s 尚有约 10000m³/s 的余度；10000 年一遇洪水再加大 10% 的校核情况，最高库水位为 180.40m，三峡工程坝顶高程为 185.00m，仍然有调节更大洪水的余地，大坝的安全是可以保证的。

2.1.3　优化调度方案

三峡工程 2003 年水库蓄水运用以来，从维护生态环境、长江中下游供水安全、提高三峡综合利用效益等方面，对三峡水库调度运用提出了很高的要求，并从不同角度、不同层面对水库调度提出了优化建议。水库蓄水 175m 后将全面承担综合利用任务，通过水库调度协调各用水部门矛盾的任务将更加艰巨。国务院三峡工程建设委员会第 16 次会议安排由水利部组织各有关单位研究《三峡水库优化调度方案》（以下简称《方案》）。该项研究根据水文情势变化及各方面的新要求，在初步设计调度方式的基础上，重点对综合需求、防洪调度补偿方式、汛末提前蓄水和汛限水位控制运用、枯期供水及生态调度方式等方面进行优化。研究形成的水库优化调度方案在 2009 年 8 月经国务院批准后实施。同时，考虑到三峡水库调度运用问题复杂，在《方案》中提出，该方案主要适用于试验蓄水期。要根据调度运用实践总结和各项观测资料的积累及运行条件的变化，逐步修改完善优化调度方案。

2.1.3.1　防洪调度

（1）防洪调度目标。保证三峡水利枢纽大坝安全。对长江上游洪水进行调控，使荆江河段防洪标准达到 100 年一遇，遇 100 年一遇～1000 年一遇洪水，包括类似 1870 年洪水时，控制枝城站流量不大于 80000m³/s，配合荆江地区分蓄洪区的运用，保证荆江河段行洪安全，避免南北两岸干堤溃决发生毁灭性灾害。根据城陵矶地区防洪要求，考虑长江上游来水情况和水文气象预报，适度调控洪水，减少城陵矶地区分蓄洪量。

（2）防洪调度方式。优化研究了城陵矶防洪补偿调度方式，试验蓄水期三峡水库的防洪调度采取以下方式：

1）对荆江河段进行防洪补偿的调度方式。该调度方式主要适用于长江上游发生大洪水的情况。汛期在实施防洪调度时，如三峡水库水位低于 171.00m 时，则按沙市站水位不高于 44.50m 控制水库下泄流量。当水库水位在 171.00～175.00m 之间时，控制补偿枝城站流量不超过 80000m³/s，在配合采取分蓄洪措施条件下控制沙市站水位不高于 45.00m。

2）兼顾对城陵矶地区进行防洪补偿的调度方式。该调度方式主要适用于长江上游洪水不是很大，三峡水库尚不需为荆江河段防洪大量蓄水，而城陵矶站水位超过长江干流堤防设计水位，需要三峡水库拦蓄洪水以减轻该地区分蓄洪压力的情况。汛期在因调控城陵矶地区洪水而需要三峡水库拦蓄洪水时，如水库水位不高于155.00m，则按控制城陵矶站水位34.40m进行补偿调节。

3）保枢纽安全的防洪调度方式。当水库已蓄洪至175.00m水位后，实施保枢纽安全的防洪调度方式。《方案》将三峡水库防洪库容自下而上分为三部分，其中第一部分库容约为56.5亿m³，用于城陵矶地区防洪，对应库水位为145.00～155.00m之间的库容；第二部分库容为125.8亿m³，用于荆江地区防洪补偿，对应库水位为155.00～171.00m之间的库容；第三部分库容约为39.2亿m³，用于防御上游特大洪水，对应库水位为171.00～175.00m之间的库容。

在遇到三峡上游来水不是很大而城陵矶附近（主要是洞庭湖）来水较大，迫切需要三峡水库拦洪以减轻城陵矶地区分洪压力时，三峡水库运用56.5亿m³防洪库容，按控制城陵矶站水位34.40m进行防洪补偿调度。

在运用上，首先用第一部分防洪库容调蓄洪水，按控制城陵矶站水位不超过34.40m；第一部分防洪库容用完后，即不再考虑城陵矶防洪补偿的要求，改按只考虑荆江地区的防洪补偿要求调度，按沙市站水位不高于44.50m控制水库下泄流量；第二部分防洪库容也用完后，若遭遇特大洪水，荆江河段需在分蓄洪措施配合下安全行洪，即当水库水位在171.00～175.00m之间时，控制补偿枝城站流量不超过80000m³/s，在配合采取分蓄洪措施条件下控制沙市站水位不高于45.00m。

优化调度研究提出的防洪调度方案，在荆江河段防洪目标不变的前提下，进一步提高三峡水库的防洪效益，可减少城陵矶附近地区的分蓄洪量和分洪概率。相对于单纯对荆江补偿调度方式，对于100年一遇洪水，可减少城陵矶附近地区超额洪量约40亿m³，可减少淹没耕地约3.1万hm²，减少约40万人的临时转移和安置。

（3）汛期水位运用方式。一般情况下，自5月25日开始，三峡水库视长江中下游来水情况从枯水期消落低水位155.00m均匀消落水库水位，6月10日消落到防洪限制水位（水位下降速率按不大于0.60m/d控制）。6月已进入汛期，实时调度时，应视水库上、下游来水情况，在基本达到地质灾害防治及库岸稳定对水库水位日下降速率要求的条件下，相机、均匀地泄放水量，避免加重下游河段防洪压力。

汛期水库在不需要因防洪要求拦蓄洪水时，原则上水库水位应按防洪限制水位 145.00m 控制运行。实时调度时，水库水位可在防洪限制水位上下一定范围内变动。考虑泄水设施启闭时效、水情预报误差和电站日调节需要，实时调度中，水库水位可在防洪限制水位 145.00m 以下 0.10m 至以上 1.00m 范围内变动。当沙市站水位在 41.00m 以下、城陵矶站水位在 30.50m 以下，且三峡水库来水流量小于 25000m³/s 时，水库水位可以在 146.00～146.50m 之间运行。

当水库水位在防洪限制水位之上允许的变动幅度内运行时，水库运行管理部门应加强对水库上、下游水雨情的监测和水文气象预报，密切关注洪水变化和水利枢纽运行状态，及时向防汛指挥部门报告有关信息，服从防汛指挥部门的指挥调度。当预报三峡水库上游或者长江中游河段将发生洪水时，应及时、有效地采取预泄措施，将水库水位降低至防洪限制水位，保证需要水库拦蓄洪水时的起调水位不高于 145.00m。

2.1.3.2　汛末蓄水方式

水库开始兴利蓄水的时间一般不早于 9 月 15 日。具体开始蓄水时间，由水库运行管理部门每年根据水文、气象预报编制提前蓄水实施计划，明确实施条件、控制水位及下泄流量，经国家防总批准后执行。

当沙市站、城陵矶站水位均低于警戒水位（分别为 43.00m、32.50m），且预报短期内不会超过警戒水位的情况下，方可实施提前蓄水方案。

蓄水期间水库水位按分段控制的原则，在保证防洪安全的前提下，均匀上升。一般情况下，9 月 25 日水位不超过 153.00m，9 月 30 日水位不超过 156.00m（在对防洪风险、泥沙淤积等情况作进一步分析的基础上，通过加强实时监测，9 月 30 日蓄水位视来水情况，经防汛部门批准后可蓄至 158.00m），10 月底可蓄至汛后最高蓄水位。

在蓄水期间，当预报短期内沙市站、城陵矶站水位将达到警戒水位，或三峡水库来水流量达到 35000m³/s 并预报可能继续增加时，水库暂停兴利蓄水，按防洪要求进行调度。

2.1.3.3　水资源（水量）调度

（1）水资源（水量）调度目标。三峡水库的水资源调度，应当首先满足城乡居民生活用水，并兼顾生产、生态用水以及航运等需要，注意维持三峡库区及下游河段的合理水位和流量。在保证防洪安全的前提下，合理利用汛末水资源；在保证长江中下游供水安全、满足通航要求的前提下，充分利用汛后水资源，尽量将三峡水库水位蓄至正常蓄水位。水库蓄水期间，下泄流量应均匀缓慢减少，尽量减少对下游地区供水、航运、水生态与环境等方面的不利影响。三峡水库蓄水至汛后最高蓄水位之后，根据枯水期下游地区供水、航运、水生态与环境以及发电等方面的要求，增加下游河道流量。遇特枯年份或特枯时段，为长江中下游实施应急补水；当库区或下游河道发生水污染事件或水生态事件时，实施应急调度，尽量减轻事故影响。

（2）水资源（水量）调度方式。实施提前蓄水期间，一般情况下控制水库下泄流量不小于 8000～10000m³/s。当水库来水流量大于 8000m³/s 但小于 10000m³/s 时，按来水流量下泄，水库暂停蓄水；当来水流量小于 8000m³/s 时，若水库已蓄水，可根据来水情况适当补水至 8000m³/s 下泄。10 月蓄水期间，一般情况下水库上、中、下旬的下泄流量分别按不小于 8000m³/s、7000m³/s、6500m³/s 控制，当水库来水流量小于以上流量时，可按来水流量下泄。11 月蓄水期间，水库最小下泄流量按保证葛洲坝下游水位不低于 39.00m 和三峡电站保证出力对应的流量控制。一般来水年份（蓄满年份），1—2 月水库下泄流量按 6000m³/s 左右控制，至 5 月 25 日水库水位均匀下降至枯水期消落低水位 155.00m。如遇枯水年份，实施水资源应急调度时，可不受以上水位、流量限制。当长江中下游发生较重干旱，或出现供水困难时，防汛抗旱指挥部门可根据当时水库蓄水情况实施应急补水，缓解旱情。当三峡水库或下游河道发生重大水污染事件和重大水生态事件时，有关省、直辖市和相关部门应及时启动相应的应急预案，水库运行管理部门应积极配合，服从应急调度，将影响降低到最低限度。在实施以上应急调度时，在保证电网安全的条件下，电力调度部门应尽量按照水量调度指令做好发电计划安排，避免弃水。

2.1.4 年度汛期调度运用方案与汛末蓄水计划

2.1.4.1 汛期调度运用方案

2011 年 5 月 30 日，国家防总批复了《三峡—葛洲坝水利枢纽 2011 年汛期调度运用方案》（以下简称《调度方案》），同意《调度方案》提出的防洪调度目标。三峡水库对长江上游洪水进行调控，使荆江河段防洪标准达到 100 年一遇，遇 100 年一遇～1000 年一遇的洪水，包括类似 1870 年洪水时，控制枝城站流量不大于 80000m³/s，配合分蓄洪区的运用，保证荆江河段行洪安全，避免南北两岸干堤溃决发生毁灭性灾害。根据城陵矶河段防洪要求，考虑长江上游来水情况和水文气象预报，适度调控洪水，减少城陵矶地区分蓄洪量。同意按照《方案》确定的防洪调度方式进行调度，既对荆江河段进行防洪补偿，又兼顾对城陵矶河段进行防洪补偿。在对荆江河段实施补偿调度的情况下，当三峡水库水位低于 171.00m 时，控制沙市站水位不高于 44.50m；当三峡水库水位在 171.00～175.00m 之间时，控制枝城站最大流量不超过 80000m³/s，配合分洪措施控制沙市站水位不超过 45.00m。水库水位达 175.00m 后，转为按保大坝安全调度。在长江上游来水不大，三峡水库尚不需为荆江河段防洪大量蓄水，而城陵矶附近防汛形势严峻，且三峡水库水位不高于 155.00m 时，按控制城陵矶站水位 34.40m 进行补偿调度。当三峡水库水位达到 155.00m 时，转为对荆江河段进行补偿调度。当长江上游发生中小洪水，根据实时雨水情和预测预报，在三峡水库尚不需要实施对荆江或城陵矶河段进行防洪补偿调度，且有充分把握保障防洪安全时，三峡水库可以相机进行调洪运用。三峡水库 2011 年汛期（6 月 10 日至 9 月 30 日）防洪限制水位为 145.00m。按照《方案》规定，汛前三峡水库水位应根据长江中下游来水情况均匀消落，至 6 月 10 日消落至防洪限制水位。汛期水库在不需要因防洪要求拦蓄洪水时，原则上应按防洪限制水位 145.00m 控制运行，实时调度时按照《方案》规定可在 144.90～146.50m 浮动。当预报三峡水库上游或者长江中游河段将发生洪水时，应按规定及时采取预泄措施，保证水库拦蓄洪水时的起调水位不高于 145.00m。洪水过后，要在不增加下游防洪压力情况下，尽快降至防洪限制水位。8 月 31 日之后，当预报上游不会发生大洪水，且下游控制站沙市站、城陵矶站水位分别低于 40.30m、30.40m 时，9 月 10 日之前水库运行水位可以适当上浮至 150.00～155.00m。

2.1.4.2 汛末蓄水计划

2011 年 9 月 5 日，国家防总批复了《三峡工程 2011 年 175 米试验性蓄水实施计划》（以下简称《蓄水计划》）。同意 2011 年三峡水库蓄水的起蓄时间为 9 月 10 日，蓄水过程中采取分阶段控制水库蓄水位的调度方式。起蓄水位按 150.00～155.00m 控制，9 月 30 日蓄水位按 158.00～162.00m 控制，10 月底蓄至 175.00m。在蓄水过程中，当预报沙市站、城陵矶站水位将达到警戒水位，或三峡水库入库流量达到 35000m³/s 并预报继续增大时，水库应暂停兴利蓄水，按防洪要求进行调度。三峡水库调度运行中要高度重视下游用水需求。一般情况下，2011 年 9 月 10 日至 9 月底，三峡水库下泄流量不小于 10000m³/s；10 月下泄流量不小于 8000m³/s；11—12 月下泄流量按葛洲坝下游水位不低于 39.00m 控制。2012 年 1—4 月下泄流量不小于 6000m³/s（同时要满足葛洲坝下游水位不低于 39.00m）。至 2012 年 5 月 25 日水库水位逐步降至 155.00m，6 月 10 日消落到防洪限制水位。当发生洪水或遇特枯来水，因防洪、下游供水、航运等需要实施应急调度时，不受上述水位、流量限制。

2.1.5 实时调度

2.1.5.1 防洪调度

2011 年主汛期（6—9 月），长江上游出现 4 次中小洪水，4 次过程的最大入库洪峰流量分别为 $39000\text{m}^3/\text{s}$（6 月 23 日）、$36000\text{m}^3/\text{s}$（7 月 8 日）、$38000\text{m}^3/\text{s}$（8 月 7 日）、$46500\text{m}^3/\text{s}$（9 月 21 日）。在有把握保障防洪安全的前提下，实施中小洪水调度。三峡水库先后进行了 4 次防洪运用，最高蓄洪水位分别为 149.80m、148.47m、153.84m、167.99m，最大下泄流量为 $29200\text{m}^3/\text{s}$。4 次洪水调度水库共拦蓄洪量 247.16 亿 m^3。长江防汛抗旱总指挥部（以下简称长江防总）共发布 14 道调度令，水库最大下泄流量没有超过最大发电流量，使洪水资源得到了充分利用。

汛期三峡水库库水位及入库、出库流量过程对比见图 2.1-1。

图 2.1-1 2011 年汛期三峡水库库水位及入库、出库流量过程

防洪调度主要分以下几个阶段：

（1）第 1 阶段（6 月 20—30 日）。

1）雨水情简述。6 月下旬，长江上游出现一次较强降雨过程，其中强降雨中心位于嘉陵江和三峡区间。受强降雨影响，金沙江屏山站和沱江富顺站出现小幅涨水过程，嘉陵江出现较大涨水过程，其中屏山站、高场站、富顺站、北碚站最大流量分别为 $6190\text{m}^3/\text{s}$（6 月 24 日 23 时）、$5410\text{m}^3/\text{s}$（6 月 18 日 19 时）、$1150\text{m}^3/\text{s}$（6 月 23 日 18 时）、$18800\text{m}^3/\text{s}$（6 月 24 日 6 时）；上游寸滩站出现一次快速涨水过程，6 月 24 日 15 时出现洪峰，最大流量为 $30700\text{m}^3/\text{s}$；武隆站 6 月 23 日 23 时 11 分实测最大流量为 $4240\text{m}^3/\text{s}$。在上游及三峡区间来水的共同作用下，三峡水库入库流量 6 月 14 日起快速增加，主要受区间强降雨影响，6 月 23 日 20 时出现最大入库流量 39000m³/s，此后上游来水洪峰到达，但区间来水快速消退，入库流量消退。依据来水预报，三峡水库进行中小洪水调度，出库流量逐渐增大，最大增至 28000m³/s 左右（6 月 24—27 日），27 日后根据来水预报逐渐减少出库流量；库水位由月最低 145.11m（6 月 22 日 20 时）快速回升，最高升至 149.80m（6 月 26 日 8 时），6 月 30 日 20 时回落至 147.02m。

2）预报调度过程。6 月 22 日 8 时，根据实际情况及预见期降雨，预报 6 月 25 日 8 时将现入库洪峰流量 28000m³/s，若维持葛洲坝不弃水（日均出库流量为 18500m³/s），则 6 月 26 日最高库水位为 148.80m 左右。6 月 23 日 8 时预报洪峰流量为 33000m³/s，若出库流量从 6 月 23 日起维持 19000m³/s 左右，6 月 27 日最高库水位为 151.00m 左右；若考虑水库出库流量自 6 月 24 日起加大至 23000m³/s，则 6 月 26 日晚最高库水位为 149.20m 左右。据此，长江防总下达调度令，要求三峡水库从 6 月 24 日 16 时，将下泄流量逐步加大至 23000m³/s，之后按 23000m³/s 下泄。

6 月 23 日 20 时，受区间迅猛来水影响，水库入库流量已达 39000m³/s（洪峰），库水位涨至 147.28m，依据当时水雨情及预见期降雨，分析最高库水位预报，若尽快加大出库流量至 23000m³/s，则最高库水位 6 月 26 日晚接近 153.00m，较 8 时调洪成果偏高 3.00m 多；若加大出库流量至 27000m³/s，则最高库水位也将达 151.80m 左右。

6 月 24 日 8 时，根据实况来水及三峡区间预见期降雨，预报若出库流量从 6 月 25 日 12 时起增大至 27000m³/s 左右后维持，26 日 20 时出现最高库水位在 151.50m 左右。据此，长江防总下达调度令，要求三峡水库自即时起至 6 月 24 日 14 时，将下泄流量逐步加大至 27000m³/s，之后按 27000m³/s 下泄。6 月 25 日预报若三峡水库维持当前出库流量 27600m³/s，6 月 26 日 14 时最高库水位在 150.00m 左右。与实况最高库水位 6 月 26 日 8 时 149.80m 相差 0.20m。最高库水位出现后，根据来水预报，长江防总下达调度令，及时将出库流量降至 20000m³/s 左右。此次过程长江防总共下达了 4 道调度令。

（2）第 2 阶段（7 月 1—10 日）。

1）雨水情简述。7 月上旬，长江上游出现一轮较强降雨过程，其中强降雨中心依次位于岷沱江、嘉陵江和三峡区间。岷沱江、嘉陵江出现较大涨水过程，岷江高场站、嘉陵江北碚站最大流量分别为 11600m³/s（7 月 5 日 8 时）、22400m³/s（7 月 8 日 11 时 43 分实测）；受上述来水影响，干流寸滩站 8 日 19 时出现最大流量 34800m³/s。

在上游及三峡区间来水的共同作用下，三峡水库入库流量快速增加，7 月

8日20时出现最大入库流量36000m³/s，此后快速消退。7月6日前，三峡出库流量维持在平均17000m³/s左右，7月6日加大至19000m³/s左右，7月7日增至平均28500m³/s后，维持至7月9日8时，7月9日后减至日均25000m³/s左右；水库库水位月初持续消退至7月5日20时达最低145.10m后上升，7月11日2时最高库水位达148.47m，之后持续消退。

2）预报调度过程。7月6日14时预报入库洪峰流量为36000m³/s（7月9日8时），14时出库流量已加大至18800m³/s，若7月7日10时加大至23000m³/s，7月12日库水位将涨至151.50m左右。长江防总据此下达调度令，要求三峡水库在7月7日10时前将下泄流量逐步加大至23000m³/s，之后按23000m³/s下泄。

7月7日8时，三峡水库入库流量已达30000m³/s，预报7月9日最大入库流量达40000m³/s，若7月7日10时出库流量加大至23000m³/s，14—16时加大至28000m³/s后维持，7月11日8时库水位涨至149.50m左右后转退。长江防总据此下达调度令，要求三峡水库在7月7日14时前将下泄流量逐步加大至28000m³/s，之后按28000m³/s下泄。由于水库快速加大下泄流量以及实况来水较预报偏小，库水位在涨水面缓慢抬升，与方案调洪结果差异较大。

7月8日8时预报入库洪峰流量为37000m³/s（7月9日8时），经调洪分析，若出库流量维持在28200m³/s，10日20时库水位涨至147.50m左右后转退，7月12日2时退至146.50m左右；若出库流量7月9日凌晨减至25000m³/s后维持，7月11日8时库水位涨至148.70m左右后转退，7月14日2时退至146.50m左右。根据方案对比分析，长江防总下达调度令，要求三峡水库于7月8日22时前将下泄流量逐步减小至25000m³/s，之后按25000m³/s控制。7月8日20时三峡水库出现入库洪峰流量36000m³/s，7月11日2时出现最高库水位148.47m。

此次洪水预报调度过程中，入库洪峰流量预报除7月7日8时较实况偏大外，其余各次入库洪峰流量预报与实况相差很小，受水量预报偏大影响，7月6日、7日的最高库水位预报偏高，经7月8日滚动预报修正后的最高库水位预报与实况较为接近。此次过程长江防总共下达了4道调度令。

（3）第3阶段（8月1—10日）。

1）雨水情简述。7月底至8月初，长江上游干支流相继涨水，沱江、嘉陵江出现连续多次涨水过程，再与金沙江、岷江、乌江及三峡区间的洪水过程相互叠加，使三峡水库入库流量于7月30日至8月11日形成一次复式洪水过程，洪峰流量分别为28000m³/s（8月1日8时）、38000m³/s（8月7日8时）。此次来水过程干支流洪峰流量均不大，但持续时间长、组成复杂，其中，前峰洪水主要由岷沱江和嘉陵江干流及其支流涪江来水增加造成，后峰洪水中金沙江来水增加起抬高底水作用，嘉陵江渠江来水造峰，沱江、嘉陵江干流、乌江及三峡区间来水对入库洪水的水量增加明显。

金沙江屏山站流量自 8 月 1 日 12 时 4890m³/s 持续上涨，10 日 15 时出现洪峰流量 9430m³/s；岷江高场站 7 月 30 日 5 时洪峰流量为 9330m³/s，8 月上旬流量基本维持在 3000～4000m³/s 小幅波动；沱江富顺站出现复式洪水过程，洪峰流量分别为 4010m³/s（7 月 31 日 18 时）、1750m³/s（8 月 6 日 1 时）；嘉陵江支流涪江小河坝站洪峰流量为 5250m³/s（7 月 31 日 5 时 15 分），8 月上旬流量基本呈波动消退态势；渠江罗渡溪站呈双峰过程，洪峰流量分别为 10800m³/s（8 月 2 日 21 时）、20000m³/s（8 月 6 日 5 时），干流武胜站 7 月 30 日 23 时出现洪峰流量 6850m³/s；受来水影响，嘉陵江北碚站出现连续 3 次涨水过程，洪峰流量分别为 10500m³/s（7 月 31 日 11 时 30 分）、13500m³/s（8 月 3 日 6 时 30 分）、22000m³/s（8 月 6 日 17 时）。

受上述来水影响，干流寸滩站流量自 7 月 30 日 0 时的 13500m³/s 开始上涨，8 月 1 日 8 时出现洪峰流量 25600m³/s，经小幅波动后快速消退，4 日 22 时退至 17300m³/s 转涨，7 日 3 时出现洪峰流量 34300m³/s 后快速消退，10 日 8 时退至 16100m³/s 后基本维持。

乌江武隆站 8 月 5 日 23 时出现洪峰流量 5120m³/s 后转退，受彭水水库开闸泄洪及支流郁江来水影响，7 日 11 时退至 1870m³/s 后回涨，23 时涨至 3100m³/s 后继续消退，8 日 12 时退至 1360m³/s 后平稳缓退。

受 8 月 4 日 2 时至 6 日 8 时降雨影响，三峡区间来水明显增加，根据分析计算，5 日 20 时区间入库洪峰流量为 10800m³/s。

2）预报调度过程。7 月 30 日 8 时，根据实际情况及预见期降雨，预报未来 3 天三峡水库将迎来一次 30000m³/s 左右的洪水过程，预计入库流量在 7 月 31 日 20 时超过 25000m³/s，8 月 2 日 8 时入库流量将涨至 30000m³/s，若三峡水库自 31 日起日均出库流量按 18500m³/s 控泄，库水位 8 月 4 日 8 时将涨至 149.66m 且会继续上涨；7 月 31 日 8 时，因气象预报将三峡区间降雨过程提前一天开始，过程总雨量预报维持不变，水情预报据此仅将入库洪峰峰现时间修改至 8 月 1 日 8 时，库水位预报维持不变，实际情况为 8 月 1 日 8 时出现洪峰流量 28000m³/s，预报与实际情况基本一致。7 月 31 日 14 时三峡水库将出库流量加大至 19300m³/s。

8 月 1 日 8 时，气象预报第一天三峡区间仍有 25mm 左右的降雨，第三天开始，长江上游又有一次中到大雨的降雨过程，考虑区间预见期降雨造峰，预计三峡入库 8 月 2 日 8 时流量将涨至 30000m³/s 后缓慢消退，若维持日均出库流量 19000m³/s，库水位 8 月 6 日涨至 151.00m 左右。根据上述预报分析，8 月 1 日 11 时长江防总下达调度令，要求三峡水库自即时起将日均下泄流量维持在 19000m³/s。实况降雨因时段分布较为均匀，区间来水未能造峰，入库流量在 28000m³/s 维持了近一天的时间后缓慢消退。8 月 4 日 8 时实况库水位为 150.12m。

8 月 3 日 8 时，三峡水库以上流域实况基本无雨，气象预报未来一到三天中岷沱江、嘉陵江、三峡区间、清江及汉江上游有一次大雨、局地暴雨的降雨过程。考虑预见期降雨预报 8 月 7 日最大入库流量为 35000m³/s 左右，若从即时起至 8 月 4 日 10 时逐步加大出库流量至 25000m³/s 后维持，库水位 8 月 10 日将涨至 153.50m 左右。长江防总据此下达调度令，要求三峡水库从即时起至 8 月 4 日 10 时将三峡水库下泄流量逐步加大至 25000m³/s，此后按日均 25000m³/s 下泄。

8 月 5 日 8 时，实况 24h 降雨：嘉陵江支流渠江、三峡区间及乌江下段日雨量在 50mm 左右，气象预报第一天乌江 20mm、三峡区间 10mm，此后短中期预报基本无雨。预报三峡入库 6 日、7 日、8 日 8 时流量分别为 31000m³/s、35000m³/s、25000m³/s，若出库流量 5 日 20 时加大至 28000m³/s，库水位 8 日晚涨至 152.00m 左右。长江防总据此下达调度令，要求三峡水库自即时起至 8 月 5 日 20 时将下泄流量逐步加大至 28000m³/s，之后按日均 28000m³/s 控泄。

8 月 6 日 8 时，降雨基本结束，短中期气象预报长江上游基本无雨，预报未来三天 8 时入库流量分别为 37000m³/s、32000m³/s、24000m³/s，并根据 5 日的实况降雨及出库情况，按日均出库流量 28000m³/s 计算，将最高库水位预报修改为 153.50m；8 月 8 日 8 时预报当晚出现最高库水位 153.85m 左右。

三峡水库 8 月 7 日 14 时出现入库洪峰流量 38000m³/s，入库流量预报与实况偏差很小，有效预见期达 4 天多；8 月 8 日 20 时出现最高库水位 153.84m，预见期 12h 预报与实况仅相差 0.01m，60h 预报与实况相差 0.34m。此次过程长江防总共下达了 6 道调度令。

（4）第 4 阶段（9 月 15—25 日）。

1）雨水情简述。9 月 16—18 日，嘉陵江发生一次强降雨过程，流域面雨量为 63mm，其中渠江 3 天累积降雨量为 120mm。

受强降雨影响，嘉陵江支流渠江水情多站超历史记录。巴河凤滩站 18 日 18 时出现洪峰水位 303.73m，超保证水位 2.73m（保证水位为 301.00m），超历史最高水位（300.87m，2007 年）2.86m，相应流量为 29600m³/s，超历史最大流量（26700m³/s，1965 年）；通江的通江站 18 日 13 时洪峰水位为

345.15m，超历史最高水位（343.55m，2003 年）1.60m；渠江三汇站 19 日 8 时 30 分洪峰水位为 267.81m，超历史最高水位（266.60m，2010 年）1.21m，相应流量为 29400m³/s，超历史最大流量（27700m³/s，2010 年）；罗渡溪站 20 日 8 时水位涨至 227.85m，超历史最高水位（227.53m，2010 年）0.32m，相应流量为 28200m³/s，超历史最大流量（27900m³/s，2010 年）。嘉陵江武胜站 20 日 0 时出现洪峰水位 222.31m，相应流量为 13900m³/s，20 日 8 时流量减至 10800m³/s；北碚站水位继续上涨，20 日 17 时涨至 199.31m，超保证水位 0.31m，相应流量为 35700m³/s，居历史最高值第四位。寸滩站 20 日出现最大洪峰流量 44100m³/s。

受以上河流来水影响，三峡水库入库流量快速增加，库水位继续上涨，15 日 8 时，三峡水库入库流量涨至 35000m³/s，三峡水库以 10500m³/s 左右流量控制下泄，拦洪调蓄以后最高库水位为 160.50m（18 日 8 时），涨幅为 6.67m，自 14 日 2 时至 18 日 8 时共拦蓄洪水 45.3 亿 m³。9 月 21 日 8 时三峡入库流量涨至 46500m³/s，最大出库流量为 21100m³/s（19 日 20 时），拦洪调蓄以后最高库水位为 167.99m（23 日 9 时），涨幅为 7.50m，自 18 日 20 时至 23 日 9 时总拦蓄水量为 60 亿 m³。

2）预报调度过程。9 月 15 日三峡水库发生了入库洪峰流量为 35000m³/s 的洪水过程，库水位上升较快，17 日 13 时库水位达 160.01m。按照 2011 年国家防总的批复，三峡水库入库流量超入库洪峰流量（35000m³/s）时停止蓄水。根据预报，长江防总及时调度三峡水库逐步加大泄量，18 日 20 时加大至 13000m³/s，19 日 9 时加大至 17000m³/s，19 日 16 时再加大泄量至 21000m³/s，控制水库最高水位目标为 166.50m 左右。21 日 8 时，三峡水库出现洪峰流量 46500m³/s，库水位涨至 164.09m，出库流量为 20500m³/s，日均出库流量为 20900m³/s。根据 21 日水雨情预测预报，若三峡水库维持出库流量 21000m³/s，23 日最高库水位在 167.00m 左右，符合预期目标。

2011 年，三峡工程通过科学调度，及时拦洪，适时泄洪，尽可能地发挥削峰、错峰作用，有效缓解了长江中下游地区的防洪压力。同时，在保证防洪安全的前提下，通过合理调度，降低了两坝间的流量，提高了两坝间及长江中下游的通航能力。由于对中小洪水的拦蓄，累积蓄洪量为 247.16 亿 m³，三峡电站增发 28.17 亿 kW·h，葛洲坝电站增发 8.70 亿 kW·h，实现了洪水资源的有效利用。

2.1.5.2　汛末蓄水调度

2011 年 8 月中下旬，由于上游来水严重偏少，为实现 2011 年三峡水库蓄至 175m 水位的目标，长江防总从 8 月中下旬即开始筹划三峡水库汛末蓄水。

在综合分析长江上游各水库蓄水情况、长江中下游干流及"两湖"水情和 9 月、10 月中期水雨情预测预报等多种因素后，长江防总办公室采取预报预蓄、提前蓄水等措施，充分利用汛末水资源，从 8 月 20 日开始减少出库流量至 15000m³/s 左右，库水位开始缓慢上升。8 月 25 日后进一步减少出库流量至 12000m³/s 左右，在上游来水严重偏少的条件下，8 月底库水位蓄至 150.00m，9 月 1 日 8 时，库水位达到 150.15m，8 月下旬至 9 月 10 日预蓄了 38 亿 m³。

根据 9 月 5 日国家防总《关于三峡工程 2011 年试验性蓄水实施计划的批复》（国汛〔2011〕18 号）文件的要求，2011 年 9 月 10 日 0 时，三峡水库正式起蓄，库水位为 152.24m，9 月三峡水库下泄流量不小于 10000m³/s，10 月下泄流量不小于 8000m³/s。

进入 9 月中旬，嘉陵江出现明显秋汛。渠江发生 100 年一遇的超历史记录特大洪水，三峡水库入库流量也因之快速增加（洪峰流量出现在 9 月 21 日 8 时，46500m³/s），库水位持续上涨。按照国家防总批复的蓄水实施计划要求，长江防总果断暂停三峡水库兴利蓄水，转为防洪调度，向中国长江三峡集团公司连续下达两道调度令，逐步加大三峡水库出库流量，至 18 日 20 时加大至 13000m³/s、19 日 9 时加大至 17000m³/s，至 19 日 16 时再加大至 21000m³/s。9 月 24 日后，长江上游降雨过程基本结束，长江防总又连续下达 3 道调度令，将三峡水库出库流量从 21000m³/s 逐步减至 10000m³/s，9 月 30 日 24 时，库水位达到 166.16m。9 月 10—30 日提前蓄了 100 亿 m³，有效减轻了 10 月的蓄水压力。

2.1.5.3　生态调度

2011 年长江防总首次开展了三峡水库生态调度试验。

四大家鱼作为适应长江中下游江湖复合生态系统的典型物种，其资源动态是水生态系统健康状况的重要表征，也是受三峡工程建设、运行影响较为重要的物种。1992 年国家环境保护局正式批准的《长江三峡水利枢纽环境影响报告书》指出："三峡工程将对四大家鱼的自然繁殖会带来不利影响。"报告同时提出了保障四大家鱼繁殖的对策主要是通过运用水库调度产生人造洪峰促使四大家鱼自然繁殖，即"在家鱼繁殖期内，特别是 5 月中旬至 6 月上旬，江水温度保持在 18℃以上时，安排 2～3 次人造洪峰，以促使宜昌至城陵矶江段的家鱼产卵"。按三峡水库的调度运行方式，每年的 5 月末至 6 月初，须将坝前水位降至汛期防洪限制水位 145.00m。在此期间，通过调度在数天内逐步加大下泄流量，可以形成显著的涨水过程。

为协调生态环境保护与防洪、航运和发电等效益的关系，减少对关键物种和重要生态环境的不利影响，促进宜昌下游河段四大家鱼自然繁殖，更好地研究生态调度方案，长江防总结合长江流域的汛情，在确保防洪安全的前提下，从 2011 年 6 月 16 日开始，利用 6 月中旬长江上游出现的小幅涨水过程（最大入库流量为 21500m³/s，6 月 18 日 8 时），组织中国长江三峡集团公司、水利部中国科学院水工程生态研究所、长江水利委员会（以下简称长江委）水文局、长江渔业研究所等单位开展了一次为期 4 天的三峡水库生态调度试验。从 6 月 16 日起开始逐步加大三峡水库下泄流量，每日日均出库流量增加 2000m³/s 左右，出库流量从 12000m³/s 左右逐步加大至 19000m³/s 左右，使荆江河段实现持续上升的涨水过程。

这是我国首次针对鱼自然繁殖实施的生态调度。监测结果表明，这次生态调度使得中下游不同站点水位持续上涨 4~8 天，与早期资源监测结果对比，四大家鱼产卵时间与历史自然涨水条件下响应时间一致；调度期间四大家鱼卵苗径流量是其他涨水过程的 3.75 倍，实施调度后，四大家鱼自然繁殖群体有聚群效应，与其自然繁殖时的习性相符。初步证明此次生态调度对四大家鱼自然繁殖产生了促进作用。为减轻三峡水库对四大家鱼自然繁殖的影响、进一步开展生态调度试验、优化生态调度方案提供了宝贵的实测资料。

2.2　丹江口水库调度

9 月中、下旬，汉江上游出现两次较大洪水，丹江口入库洪峰流量分别为 22100m³/s（14 日 23 时）和 26600m³/s（19 日 14 时，接近 10 年一遇），丹江口 7 天洪量为 90.96 亿 m³，接近 20 年一遇（20 年一遇秋季洪水洪量为 91.6 亿 m³），丹江口水库最多开启 9 深孔、4 堰孔泄洪，最大下泄流量达 13200m³/s，削峰率达 50%。拦洪调蓄后最高库水位为 156.60m（21 日 17 时），涨幅为 4.33m。其中，第一次洪水期间，丹江口水库共拦蓄水量 22.2 亿 m³，第二次洪水共拦蓄水量 19.9 亿 m³，总拦蓄水量约 42.1 亿 m³。另外，其上游安康水库入库洪峰流量为 19000m³/s，最大出库流量为 14700m³/s，削减洪峰流量为 4300m³/s。汉江下游干流部分江段出现超警戒水位洪水，仙桃发生超保证水位洪水。汉江下游沙洋站、仙桃站、汉川站分别出现洪峰水位 42.45m（21 日 7 时，相应流量为 13600m³/s）、36.23m（21 日 9 时，相应流量为 10800m³/s）、30.55m（21 日 14 时），分别超警戒水位 0.65m、1.13m、1.55m，其中，仙桃站超保证水位 0.03m。

由于长江干流水位较低（汉口水位在 19.00m 左右），汉江下游干流流速明显偏大，19 日 11 时 2 分汉川水位为 29.64m，实测流量为 9300m³/s，最大流速为 3.67m/s，平均流速为 2.62m/s，19 日 13 时江汉一桥附近最大流速为 5.92m/s，13 时 20 分江汉二桥附近最大流速为 4.85m/s（图 2.2-1）。

随着汉江雨水情的不断变化，长江防总根据会商意见，先后向丹江口水利枢纽管理局下发了7道调度令，丹江口水库最高水位控制目标定为156.80m以下（9月21日8时），详见图2.2-1。调度过程分为以下两个阶段：

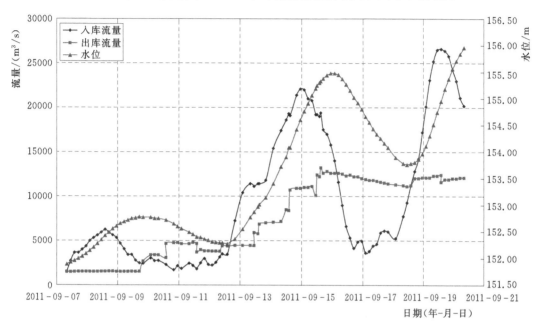

图2.2-1　2011年9月中下旬丹江口水库洪水过程线

（1）第一阶段（9月9—15日）。从9月9日20时起，丹江口水库下泄流量由1540m³/s逐步加大至4780m³/s进行预泄，库水位9月12日14时降至152.27m后开始起涨。随着入库流量持续上涨，下泄流量也逐步加大，9月13日11时30分下泄流量为5900m³/s，9月13日15时20分加大至6870m³/s，14日15时加大至10700m³/s，15日12时下泄流量加大至12400m³/s（共开启9个深孔、4个堰孔）。在发生第一次洪水过程时，丹江口水库入库最大洪峰流量为22100m³/s（14日23时），最大下泄流量为13200m³/s，削峰率达40%，拦蓄洪水22亿m³，最高库水位为155.48m（15日23时）。

（2）第二阶段（9月16—22日）。入库流量由22100m³/s（14日23时）退至3620m³/s（17日2时）后开始回涨，由于丹江口水库下泄流量维持在12000m³/s左右，库水位从155.48m回落至153.76m（18日11时）后开始回涨，腾空防洪库容12亿m³。9月18日晚预报19日下午入库洪峰流量为27000m³/s左右，水库最高水位将涨至156.50m左右。

为减轻汉江中下游防洪压力，在保证丹江口水库防洪安全的前提下，9月19日14时长江防总下达调度令，关闭1个深孔。9月19日下午14时最大入库洪峰流量为26600m³/s，20日8时库水位达155.96m，出库流量为12100m³/s。

由于汉江下游仙桃站水位不断攀升，防汛形势严峻，陈雷部长亲自来长江防总组织会商。9 月 20 日，汉江上游来水过程已转退，石泉、安康水库库水位均开始转退，而汉江中下游皇庄以下各站水位仍继续上涨，预报分析若 14 时关闭 1 个深孔，最高库水位 21 日 8 时将涨至 156.80m 左右。按照陈雷部长指示，丹江口水库最高库水位按照不超过 156.80m 控制。长江防总决定 20 日下午丹江口水库再次关闭 1 个深孔。考虑到杜家台分蓄洪区有可能启用，长江防总要求湖北省做好分蓄洪区分流准备工作。根据 9 月 20 日 20 时的预报分析结果"若丹江口水库 20 日晚至 21 日凌晨关闭 3 个深孔，未来汉江中下游防洪形势将有所缓解，丹江口水库最高库水位也不超过 156.60m"，长江防总决定 20 日 22 时关闭 2 个深孔，21 日 2 时再关闭 1 个深孔。

根据 9 月 21 日 8 时的预报分析结果"汉江上游的降雨基本停止，汉江上游来水快速消退，预计 9 月 26 日开始汉江上游有小雨。若 21 日 11 时关闭 2 个堰孔，最高库水位 21 日 20 时不超 156.80m"，长江防总决定 21 日 9 时 30 分关闭 2 个堰孔。21 日 10 时 15 分，丹江口水库下泄流量减小到 8660m³/s，21 日 17 时最高库水位为 156.60m。本次丹江口水库最大削减洪峰 53.4%，拦蓄洪水 19.9 亿 m³。

2.3 安康水库调度

主汛期汉江干流发生 7 次洪水过程（表 2.3 - 1），特别是"9.18 洪水"，安康水库持续 37h 入库流量超过 10000m³/s，水库最高调洪水位为 329.59m（仅低于正常蓄水位 0.41m），为安康水电厂建库以来同期滞洪时间最长、水位最高的防洪调度过程。

表 2.3 - 1 安康水电站 2011 年洪水过程统计表

洪水编号	洪峰流量/(m³/s)	洪现时间（月-日 时：分）	洪水总量/亿 m³	弃水/亿 m³	洪前库水位/m	最高库水位/m	出现时间（月-日 时：分）	最大出库流量/(m³/s)	出现时间（月-日 时：分）
20110623	4285	06 - 23 05：00	9	0	312.24	318.47	06 - 24 15：00	1250	06 - 23 20：00
20110707	13100	07 - 07 02：00	17	3.6	313.80	325.03	07 - 09 15：00	6800	07 - 07 05：00
20110801	12170	08 - 01 18：00	21	9.41	312.15	324.68	08 - 02 01：00	8920	08 - 02 24：00
20110805	11400	08 - 05 02：00	16	13.44	318.14	326.94	08 - 07 09：00	9250	08 - 04 23：00
20110907	7065	09 - 07 21：00	7	0	313.88	321.34	09 - 11 08：00	1250	09 - 07 08：00
20110913	14500	09 - 13 12：00	35	20.97	321.85	323.73	08 - 13 23：00	10500	09 - 13 22：00
20110918	19000	09 - 18 21：00	38.02	28.11	318.70	329.59	09 - 19 12：00	14750	09 - 19 14：00

"9.18"洪水降雨过程从 9 月 16 日开始，9 月 20 日结束，石泉以上流域平均降雨量达 127.5mm，石泉安康区间降雨量为 115.4mm。安康水库 9 月 18 日 21 时出现入库洪峰流量 19000m³/s。安康水库 9 月 16 日 14 时，水库水位为 323.61m，开启 1 号、2 号、4 号、5 号表孔，出库流量由 1200m³/s 增加到 5000m³/s，开始腾库迎汛。根据水库防洪调度原则：当 17000m³/s＜$Q_{来}$≤21500m³/s，326.00m＜H≤328.00m 时，$Q_{泄}$＝17000m³/s；当 H≥328.00m 时，$Q_{泄}$＝$Q_{来}$。9 月 19 日 7 时 50 分，安康市防汛抗旱办公室（以下简称安康市防办）要求安康水电厂将安康水库下泄流量控制在 13500m³/s。9 月 19 日 11 时，安康市防办要求安康水电厂从 9 月 19 日 11 时开始，将安康水库下泄流量加大至 14400m³/s。在保证安康水库防洪安全的前提下，9 月 20 日 22 时，长江防总及时协调陕西省防汛抗旱指挥部（以下简称陕西省防指）要求安康水库控泄，减小丹江口水库的入库水量，尽量保持出入库平衡，以减轻汉江中下游防洪压力。安康水库 19 日 12 时库水位最高升至 329.59m，共拦蓄水量约 5.9 亿 m³。9 月 22 日 15 时，长江防总下发通知，请陕西省防指将安康水电站调度恢复正常。

安康水库从 9 月 16 日 14 时持续预泄 33h，腾出 1.75 亿 m³ 库容。入库洪峰流量为 19000m³/s，最大出库流量为 14700m³/s，削减洪峰 4300m³/s，最大削减洪峰 23%，拦蓄洪量 5.9 亿 m³，为安康水库建库以来同期滞洪时间最长、蓄洪水位最高的防洪调度过程，最大限度减轻了安康城区及丹江口水库的防洪压力，确保了襄渝铁路运行安全；推迟了安康城区峰现时间 17h，避免了在夜间转移城区群众，减少了安康城区 3902 户、14542 名群众的转移，保证了安康城区、旬阳及白河县沿岸群众的防洪安全。

9 月中下旬安康水库入、出库流量及库水位过程线见图 2.3-1。

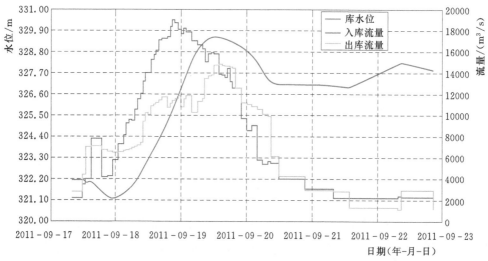

图 2.3-1　2011 年 9 月中下旬安康水库入、出库流量及库水位过程线

2.4 陆水水库调度

2011年6月,陆水流域接连出现4次较大的洪水过程,最大洪峰流量为4100m³/s(6月10日16时),陆水水库进行3次防洪调度运用,最大出库流量为2110m³/s(10日19时至11日7时),最高调洪水位为54.80m(6月30日24时),最大削减洪峰48.8%,为保障水库下游地区的防洪安全发挥了重要作用。

2.4.1 雨水情

2011年1—5月,陆水流域出现持续特大干旱,进入6月,接连出现4次强降雨过程,雨水情的最大特点是旱涝急转。受高空槽、中低层切变线、中低层暖湿气流影响,陆水流域6月3—7日、9—10日、13—15日、26—30日先后出现4次强降雨过程,累积面雨量分别为72mm、165mm、105.8mm和100mm。

6月9日20时至10日8时,陆水流域平均降雨量为165mm,暴雨中心施家段站为252mm。最大时段(6h)平均降雨量为100mm。降雨时空分布极为不均,呈现出上游极大、下游偏少、强度大、过程集中的特点。暴雨强度近年来罕见,主要站点雨量数据见表2.4-1。

表 2.4-1　　　　　　　陆水流域各主要站降雨特征值表

站名	总降雨		最大时段降雨	
	数值/mm	时　　间	数值/mm	时　　间
坝址	151.1	9日20时至10日8时	111	9日20时至10日2时
崇阳	167.5	9日20时至10日8时	113.5	9日20时至10日2时
青山	75	9日20时至10日8时	51	10日2时至10日8时
大沙坪	121	9日20时至10日8时	85	10日2时至10日8时
通城	247	9日20时至10日8时	165	10日2时至10日8时
施家段	252	9日20时至10日8时	229	10日2时至10日8时
流域平均	165	9日20时至10日8时	100	10日2时至10日8时

本轮强降雨产生了陆水流域2011年度最大暴雨洪水,洪峰流量为4100m³/s(6月10日16时),洪水总量为3.3亿m³。洪水频率为5年一遇。最大出库流量为2110m³/s(10日19时至11日7时),弃水总量为1.31亿m³,弃水历时35h,最高

调洪水位为 54.10m（11 日 0 时 44 分），削峰率为 48.8%。

2.4.2 调度过程

2.4.2.1 "6.9" 洪水调度

6 月 9 日 20 时至 10 日 8 时，陆水流域普降特大暴雨，在长江防总的指导下，陆水试验枢纽管理局迅速布置实时洪水预报作业等工作，研究多套预报调度方案，在统筹各种因素后，决定实施提前预报预泄。于 10 日 11 时 6 分，开启 3 号副坝堰孔闸门开度至 3.70m，泄洪流量为 300m³/s，总出库流量为 510m³/s，开闸水位为 51.88m（防汛限制水位为 53.00m）。根据滚动和修正预报成果，逐级加大泄洪流量，至 10 日 19 时，达到本次洪水最大出库流量 2110m³/s（接近下游河道安全泄量），水库水位涨至 53.64m。

陆水试验枢纽管理局于 10 日 19 时启动Ⅲ级应急响应，并按照Ⅲ级应急响应的要求，根据防汛工作责任分工，通知局属各部门各单位及陆水基地相关单位，紧急组织人员按时到岗，昼夜巡查值守责任区段，做好防洪抢险准备，并加强巡查和督察工作，实行滚动会商，24h 昼夜值守，密切监测水雨情和工情变化情况，至 11 日 0 时 44 分，出现最高调洪水位 54.10m。随后，根据入库流量的逐步减少和库区降雨的停止，分别于 11 日 7 时、9 时 30 分、12 时 3 次减小泄量，并于 22 时关闭泄洪闸门，机组满发，出库流量为 210m³/s，直至水库水位降至防汛限制水位 53.00m 以下。具体调度过程参见表 2.4-2。

表 2.4-2　　2011 年 6 月上中旬洪水陆水水库调度情况表

序号	动闸时间 （月-日 时：分）	闸门动态	预报入库流量 /(m³/s)	出库流量 （含发电流量） /(m³/s)	水库水位 /m
1	06-10 11：06	开闸	3250	510	51.88
2	06-10 14：00	加大	3720	1010	52.60
3	06-10 17：00	加大	3580	1510	53.28
4	06-10 19：00	加大	3400	2110	53.64
5	06-11 07：00	减小	1000	1510	53.65
6	06-11 09：30	减小	800	1010	53.51
7	06-11 12：00	减小	700	510	53.48
8	06-11 22：00	关闭	320	210	

2.4.2.2 "6.13" 洪水调度

6 月 13 日 8 时至 15 日 8 时，陆水流域平均降雨量为 105.8mm，暴雨中心坝址站为 163.5mm。最大时段（6h）流域平均降雨量为 36.8mm。本轮降雨产生了 6 月第二场洪水，洪峰流量为 2130m³/s（14 日 22 时），洪水总量为 3.1 亿 m³。最大出库流量为 2110m³/s（14 日 22 时至 15 日 8 时 30 分）。本次洪水弃水总量为 2.322 亿 m^3，弃水历时 110.5h，最高调洪水位为 54.04m（14 日 20 时）。随后水位逐步消落至 53.09m（6 月 28 日 4 时）。

2.4.2.3　"6.27"洪水调度

6 月 27 日陆水流域普降暴雨，面雨量达 55mm。最大洪峰流量为 1450m^3/s（28 日 19 时），陆水试验枢纽管理局于 6 月 28 日 7 时 35 分将下泄流量由 110m^3/s 加大至 200m^3/s，之后又多次加大下泄流量，6 月 30 日 17 时下泄流量加大至 710m^3/s，6 月 30 日 24 时，陆水水库出现最高调洪水位 54.80m。

按照长江防总批复的陆水枢纽 2011 年度汛方案，7 月初水库可蓄至正常蓄水位 55.00m。从 6 月 10 日 15 时 55 分起至 6 月 30 日 24 时，陆水水库超汛限水位（53.00m）运行时间共计 20 天。7 月 1 日陆水水库正式开始蓄水，7 月 2 日 12 时 50 分出现水库最高蓄水位 54.91m，由于后期流域内一直没有大的降雨，水库水位逐步消落，直至 53.00m 以下。

2.5　乌江梯级水库调度

2011 年乌江来水整体严重偏枯，是乌江流域 60 年有水文记录以来的历史最枯年份。降雨偏少，且主要集中在乌江下游；乌江上、中游旱情严重。除下游彭水水库以外，干流其他梯级水库汛期一直维持低水位运行，未开闸泄洪。水库蓄水汛末较年初减少 44.07 亿 m^3，见表 2.5-1。

表 2.5-1　　　　　　　　　2011 年乌江梯级水库蓄水及调度情况

梯级电站名称	调节性能	正常高水位/m	死水位/m	死库容/亿 m^3	调节库容/亿 m^3	年初水位/m	蓄水量/亿 m^3	可调水量/亿 m^3	汛末水位/m	蓄水量/亿 m^3	可调水量/亿 m^3	蓄水变化/亿 m^3
洪家渡	多年	1140.00	1076.00	11.36	33.61	1102.20	21.34	9.98	1081.95	13.29	1.93	-8.05
普定	季调节	1145.00	1126.00	1.00	2.48	1136.59	2.13	1.13	1129.18	1.28	0.28	-0.86
引子渡	季调节	1086.00	1052.00	1.33	3.22	1074.61	3.19	1.86	1052.64	1.37	0.04	-1.82
东风	季调节	970.00	936.00	3.73	4.19	965.80	7.91	4.18	936.21	3.76	0.03	-4.15
索风营	日、周	837.00	822.00	1.01	0.67	831.10	1.38	0.37	822.77	1.04	0.03	-0.34
乌江渡	季调节	760.00	720.00	7.80	13.60	744.31	14.95	7.15	720.12	7.83	0.03	-7.12
构皮滩	多年	630.00	590.00	26.60	31.54	617.88	45.00	18.40	594.24	28.76	2.16	-16.24
思林	日、周	440.00	431.00	8.88	3.17	434.36	10.00	1.12	431.22	8.95	0.07	-1.04
彭水	年调节	293.00	278.00	6.94	5.18	292.21	11.77	4.83	279.64	7.33	0.39	-4.44
合计					97.66			49.04			4.97	-44.07

2.5.1　构皮滩水库调度

2011 年乌江渡—构皮滩区间来水偏枯，洪水量级小，流量大于 $1000\text{m}^3/\text{s}$ 的洪水仅一场，洪水洪峰流量为 $2470\text{m}^3/\text{s}$（6 月 18 日 10 时），没有开闸泄洪。7 月、8 月贵州遭遇 60 年来最严重干旱，降雨极少，9 月、10 月较常年同期正常偏多。截至 2011 年 10 月 31 日，流域平均降雨量为 633.9mm，比 2010 年同期（794.5mm）偏少 20.2%。

2011 年 1—10 月构皮滩水库入库水量为 102.65 亿 m^3。年初库水位为 617.88m，汛末库水位为 600.67m，最高库水位为 618.73m（1 月 5 日 7 时）。2011 年度库水位一直低于防汛限制水位（626.24m，6 月 1 日至 7 月 31 日），没有进行防洪调度。

2.5.2　彭水水库调度

汛期除 6 月以外彭水水库各月区间降雨量均小于流域多年同期平均降雨量；截至 9 月，区间流域平均降雨量共计 660mm，多年同期平均降雨量为 1055.3mm，偏少约 37%，汛期超过 $4000\text{m}^3/\text{s}$ 以上的洪水过程共计 2 次；8 月上旬以后，入库流量相对较平稳，基本维持在 $1000\text{m}^3/\text{s}$ 以下。

2.5.2.1　"6.17" 洪水调度

从 6 月 17 日 15 时开始，乌江彭水水电站区间流域开始降雨，至 6 月 18 日 5 时降雨基本结束。区间流域单站最大降雨量为 117mm，平均面雨量达 52mm。6 月 18 日 3 时，出现洪峰流量 $5510\text{m}^3/\text{s}$，1 天最大洪量达 2.71 亿 m^3，3 天最大洪量 6 亿 m^3。水库起调水位为 283.79m，最高蓄洪水位为 287.10m（超汛限水位 0.10m），本次洪水未开闸泄洪。

2.5.2.2　"8.5" 洪水调度

8 月 4 日 20 时，乌江流域开始降雨，主要集中在沙陀至彭水区间，前期强度较小，5 日 2 时开始，强度有所增大，至 5 日 18 时，降雨基本结束，16h 降雨量为 62mm。此次小时降雨强度较大，平均面雨量约 3～4mm/h，最大小时面雨量约为 10.1mm。

为应对本次洪水，彭水水库提前进行了消落，至 8 月 4 日 20 时库水位为 285.04m，腾出库容 0.71 亿 m^3。由于 8 月 5 日白天仍持续降雨，区间洪水不断叠加，加之上游电站开闸泄洪流量不断加大，入库流量递次上升，至 8 月 5 日 18 时最大入库流量为 $4970\text{m}^3/\text{s}$。水库最高蓄洪水位为 288.66m（8 月 6 日 4 时 50 分），逼近水位 288.85m（20 年一遇洪水，水库控制水位）。为不增加下游防洪负担，采取出入库平衡的洪水调度方式，即：从库水位涨至

288.50m 开始，开启闸门泄洪，保持出入库基本平衡，保证库水位不超过 288.85m。8 月 6 日 7 时最大出库流量为 3390m³/s，削峰率达 32%，错峰时间 达 13h，有效地减小了下游彭水县城的防洪压力。

2.5.3 思林水库调度

2011 年 1—10 月思林区间流域平均降雨量为 617.6mm，比 2010 年同期 （880.8mm）偏少 29.9%；思林以上流域天然来水量为 100.36 亿 m³，比多年 同期平均（240.39 亿 m³）偏少 58.25%。其中 1—4 月思林以上天然来水量比 多年同期平均偏少 21.4%；汛期 5—10 月，比多年同期平均偏少 64.0%。

2011 年，思林水库共发生 4 场洪水，最大一场洪水洪峰流量为 2190m³/s （6 月 5 日 18 时），洪水历时 69h，洪水总量为 1.91 亿 m³。汛期库水位一直在 防汛限制水位（435.00m）以下运行，未开闸泄洪。

年初库水位为 434.36m，汛末库水位为 434.02m，最高库水位为 439.95m（2 月 24 日 19 时）。

2.6 雅砻江二滩水库调度

二滩水库正常蓄水位及设计洪水位为 1200.00m，6 月 1 日至 7 月 31 日，防洪限制水位为 1190.00m。

7 月 15 日二滩水电站迎来 2011 年最大入库洪峰流量 7200m³/s，相应库 水位为 1193.50m。二滩水电开发有限责任公司按照批准的水库汛期调度运用 方案进行防洪调度，积极实施调洪削峰，水库最大下泄流量为 5320m³/s，水 库最高蓄洪水位为 1195.27m。水库削峰率达 24%，拦蓄洪量 3.016 亿 m³，顺利度过洪峰，确保了电站和下游人民群众生命财产安全。

2.7 大渡河瀑布沟水库调度

2011 年汛期，大渡河来水总体偏枯且分布不均，降雨主要集中在 8 月上 旬以前，8 月中旬起至 9 月上旬全流域无明显、有效的降雨过程。基本呈逐月 消退趋势。瀑布沟汛期（6—9 月）平均入库流量为 1997m³/s，比 2010 年同 期（2181m³/s）减少 8.4%，比多年同期平均（2236m³/s）减少 10.7%。

大渡河流域从 7 月开始降雨日逐渐增多，7 月 1—9 日，大渡河全流域发 生持续降雨，平均降雨量达 60mm，其中降雨中心位于泸定以下的田湾河、流 沙河、南桠河、尼日河及官料河区域。国电大渡河流域水电开发有限公司集控中心根据天气预报情况及来水趋势，及时调整瀑布沟水库蓄水进度，避免库水位上升过快，为可能到来的洪水预留足够的调洪库容。瀑布沟水库水位由 7 月初的 818.99m 下降至 816.92m（7 月 4 日），之后瀑布沟入库流量开始大幅度上涨，于 7 月 7 日 7 时达到峰值 4640m³/s，同时，瀑布沟—龚嘴区间产流也由 200m³/s 上升至 470m³/s，如果瀑布沟不拦蓄洪水，瀑布沟出库流量将达到 5000m³/s 以上，超过金口河、峨边等地区的防洪能力。为保障瀑布沟下游地区人民的生命财产安全，国电大渡河流域水电开发有限公司及时果断开展防洪调度，其间瀑布沟最大出库流量仅为 2650m³/s，拦蓄洪水 11.47 亿 m³，有效地减轻了下游的防洪安全压力。

2.8 清江梯级水库调度

2011 年，清江流域来水明显偏少，旱情较重，出现了历史罕见的冬春初夏连旱的不利局面，1—5 月的来水量为有水文资料记录以来最低值。汛期暴雨场次较少、强度普遍偏小，全年水布垭水库仅出现一次超过 3000m³/s 的洪水。降水月分布仅 8 月、9 月偏多，其他月份均偏少，来水月分布也以偏少的月份居多。2011 年度清江梯级水库一直维持低水位运行，未进行防洪调度。

2.8.1 水布垭水库

2011 年汛期（5—9 月）水布垭以上流域总降水量为 864.5mm，较多年同期平均略偏少，降水月分布仅 8 月偏多，其他月份均偏少，其中 5 月偏少接近 3 成。水布垭平均入库流量为 285m³/s，较多年同期平均偏少 3 成以上，月来水分布除 8 月偏多外，其余月份均明显偏少，其中 5 月偏少接近 8 成，7 月偏少 5 成，9 月偏少 4 成以上。

水布垭库水位年初为 385.44m，受持续干旱少雨影响，库水位下降较快，于 4 月 22 日降至 370.00m 以下运行，进入 6 月后随着来水的增加，于 6 月 17 日才再次升至 370.00m 以上运行，7 月库水位按 380.00m（防汛限制水位 391.80m）控制运行，主汛期以后，水库抓住每一次来水机会抬升水位，于 8 月 12 日升至 390.00m 附近运行，于 10 月 7 日升至 395.00m 以上运行。年最高水位为 396.74m（10 月 14 日 6 时）。

2.8.2 隔河岩水库

隔河岩水库水位年初为 198.00m，汛前降至 190.00m（防汛限制水位为 193.60m，6 月 21 日至 7 月 31 日）以下运行，汛后以抬升水位为主，于 10 月

4 日抬升至 195.00m。隔河岩年最高水位为 198.34m（1 月 5 日 8 时），年最低水位为 186.53m（6 月 13 日 18 时）。

2.9　杜家台洪道分流调度

9 月以来，汉江流域发生秋汛，经丹江口水库削峰拦洪后，丹江口水库最大下泄流量达 13200m³/s，汉江中下游水位持续上涨，汉江下游干流部分江段出现超警戒水位洪水，仙桃发生超保证水位洪水。长江防总办公室先后组织 15 次汉江防汛会商，分析汛情趋势，研究应对措施。

9 月 20 日，长江委水情预报人员通宵演算，随时提供最新的数据。长江防总昼夜会商，连夜调度丹江口、安康水库减小下泄流量，减轻汉江下游防洪压力，并向湖北省防汛抗旱指挥部（以下简称湖北省防指）发出了《关于利用杜家台分洪道分流问题的意见》，要求湖北省进一步加强沿江堤防、闸站的巡查和防守，通过采取必要的应急措施，在确保堤防和闸站安全的前提下，尽量不采取分流措施。如确有必要，原则上同意启用杜家台分洪道分流，流量控制在 1000m³/s 左右；实施分流前要确保洪道内所有人员安全转移；实施分流后，要继续加强汉江中下游沿线堤防防守，防止退水时堤防发生险情，同时加强分洪道两岸堤防防守，严防因分流而产生次生灾害。

9 月 21 日 12 时 20 分，湖北省启动杜家台分洪道分流汉江洪水，开启 30 孔，控制下泄流量为 1000m³/s 左右（鱼嘴站最高水位为 35.65m，21 日 11 时），实测最大分流流量为 1170m³/s（21 日 14 时 29 分），降低了仙桃站、汉川站的洪峰水位。

第 3 章

工 程 险 情 及 抢 护

3.1 工 程 险 情 概 况

2011 年长江干流上游来水较大,经三峡水库调蓄控泄后,中下游水势总体平稳;汉江、乐安河、修河、滁河、水阳江等支流发生了较大洪水,有些支流部分河段出现超历史记录的洪水。受此影响,流域内部分堤防、水库等防洪工程出险,有些河段发生崩岸险情。

根据湖北、湖南、江西、安徽、江苏等省防汛抗旱办公室提供的有关资料统计,2011 年长江干流及主要支流堤防、河道等共出现险情 1260 处。按河流水系统计,长江干流 71 处,湖区 432 处,主要支流及尾闾 757 处。按险情类别统计,散浸 481 处,管涌 74 处,漏洞 28 处,滑坡 141 处,裂缝 92 处,塌陷 49 处,穿堤建筑物险情 238 处,崩岸险情 117 处(其中长江干流 65 处,主要支流 52 处),崩岸长度为 65.8km(其中长江干流为 44.8km,主要支流为 21.0km),其他险情 40 处。

根据水库险情统计资料,2011 年共有 132 座水库发生险情。按水库规模分:中型水库 2 座,小型水库 130 座。水库出险部位及险情类别主要有一是挡水建筑物出险,例如大坝(以土石坝居多)发生漫坝溃决、散浸、漏水、裂缝、滑坡、塌陷等险情,其中湖北省治全水库,湖南省车洞水库、廖段水库、栗坳水库、青坑水库等小(2)型水库发生漫坝溃决及坝坡损坏险情;二是溢洪道等泄洪建筑物出险,例如发生泄槽及消能设施损毁等险情;三是输水建筑物出险,例如输水涵洞(涵管)发生洞身(涵管)渗漏等险情。

防洪工程险情有如下几个特点:一是长江干堤出现的险情很少;二是汉江、乐安河、滁河、水阳江等部分支流和尾闾堤防,以及湖区部分堤防,出现了一些不同程度的险情;三是小型水库出险较多,中型水库出险很少,大型水库未发生险情。

防汛抢险及时有效。汛期,有关省对堤防、水库和崩岸险情均进行了应急处置,险情基本得到控制。2011 年汉江发生较大秋汛,中下游干流超设防水位堤防长 1368.6km，超警戒水位堤防长 970.9km，超保证水位堤防长 52.8km。湖北省广大干部群众昼夜巡堤查险，应急处置险情 61 处，确保了防洪安全；当在建的兴隆枢纽工程（南水北调补偿工程）上游围堰发生脱坡，近 1/3的围堰坡脚崩塌时，紧急调用防汛备料石，抛石 1.5 万 m³，有效控制了险情，保证了工程施工度汛安全。江西省全省共有 12 座圩堤、3 座小型水库、2 座涵闸出现较为严重的险情，其中鄱阳县畲湾联圩出现泡泉群（面积达 1500m²），乐平市续湖联圩、牌楼圩、西湖联圩堤防出现局部漫顶水深达 1.50m 的险情，乐北联圩城区防洪墙出现裂缝险情，樟树市团结水库〔小(2)型〕出现涵管漏水险情，经过部队官兵和地方干部群众全力抢险，圩堤、涵闸、水库险情均及时得到控制，保障了防洪安全。

另外，云南省盈江"3.10"地震造成了盈江县大盈江堤防震损严重，云南省大理白族自治州云龙县沘江杏林和湖北省房县平渡河二荒坪山体滑坡形成堰塞湖，有关方面均进行了有效处置。

3.2　典型工程险情及抢护

3.2.1　贵州省毕节地区威宁县杨湾桥水库大坝塌坑险情

杨湾桥水库地处威宁县城西部，大坝位于双龙乡大地村境内，距县城 14km。所在河流属长江流域牛栏江横江水系洛泽河支流白水河。坝址以上集水面积为 97.4km²（其中闭流区为 46.7km²、明流区为 50.7km²），多年平均年降雨量为 958.2mm。水库总库容为 3622 万 m³，兴利库容为 2468 万 m³，死库容为 211.5 万 m³，校核洪水位为 2191.31m（$P=0.1\%$，安全评价成果），设计洪水位为 2190.93m（$P=2\%$，安全评价成果），是一座以灌溉、供水、防洪等功能于一体的综合性中型水利工程。水库有效灌溉面积为 7000 亩，为威宁县城及周边村组唯一饮用水源，供水人口为 12 万人。水库下游保护草海镇、小海镇、羊街镇 16 个村 24000 人、耕地 3.8 万亩。

水库工程于 1958 年 8 月动工兴建，1959 年 6 月大坝建成，1987 年 9 月进行配套建设。水库枢纽由大坝、溢洪道、坝下放水涵管等组成。大坝为均质土坝，坝顶高程为 2191.80m，坝顶防浪墙顶高程为 2193.35m，最大坝高为 13.6m；坝顶长 375m，宽 5.0m。上、下游坝坡坡比分别为 1：2.13 和 1：2.1。溢洪道位于大坝右岸，总长 98.2m，为侧槽式岸边溢洪道，无闸控制，堰顶高程为 2190.00m，溢流净宽为 44.2m，泄槽段底宽 12～12.2m。坝下放水涵管位于大坝右岸，紧靠溢洪道布置，为钢筋混凝土涵管，长 68.6m，进口底板高程为 2180.20m，布置有 0.8m×0.8m 的平板钢闸门，洞身段为直径 0.8m 的钢筋混凝土涵管，末端设置一消力池。该水库 2010 年 7 月由贵州省水利厅鉴定并经水利部大坝安全管理中心核查确定为"三类坝"。

2011 年 7 月 11 日 7 时 10 分，水库管理人员发现大坝下游右岸坝坡发生塌坑，塌坑位置右距坝下输水涵管 6.2m，距溢洪道左边墙 16.1m，紧靠坝顶下游边缘。塌坑形状为不规则圆柱形，直径 3.4m，深 3.6m。塌坑边 1m 有双龙乡 10kV 供电线路电杆，见图 3.2-1。据气象部门资料，威宁县双龙乡 7 月 10 日降雨量为 69.5mm。塌陷时库水位为 2184.85m，低于汛限水位 0.15m。

图 3.2-1 杨湾桥水库大坝塌坑

险情发生后，贵州省水利厅、毕节地区水利局和威宁县委、县政府及相关部门迅速反应，成立应急抢险组织，及时转移人员，加强应急抢险和险情观测。

（1）立即组织对塌坑进行回填。回填土料与坝体土料性质相近，分层铺填，逐层夯实，分层厚度控制在 30cm，7 月 13 日早晨完成了塌坑回填。

（2）排干坝顶积水，避免积水下渗进入坝体。针对坝顶形成大面积的积水坑，为避免积水下渗进入坝体，降低大坝结构稳定性，采用了排干积水、清除泥浆及表层土体、铺筑块石和碎石等措施，形成了泥结石路面。

（3）及时降低库水位。通过开启放水涵管放水，排水流量约为 2.5m³/s。

（4）立即对下游坝坡排水沟进行清理、修整，确保排水通畅。

（5）进行倒虹吸施工，确保县城供水安全。

（6）进行库水位、大坝变形及险情观测。

通过上述措施，使水库险情初步得到控制。

3.2.2 湖北省兴隆水利枢纽上游围堰崩塌险情

兴隆水利枢纽位于汉江干流下游湖北省潜江市和天门市境内，上距丹江口水利枢纽 378.3km，下距汉江河口 273.7km。兴隆枢纽为汉江中下游南水北调四项补偿工程之一，主要由泄水闸、船闸、电站厂房、鱼道、两岸滩地过流段及交通桥等建筑物组成。工程开发任务以灌溉和航运为主，同时兼顾发电。水库校核洪水位为 41.75m，正常蓄水位为 36.20m，总库容为 4.85 亿 m^3，最大下泄流量为 $18400m^3/s$，灌溉面积为 327.6 万亩，规划航道等级为Ⅲ级，电站装机容量为 4 万 kW。枢纽工程总投资约为 30.49 亿元，总工期为 4.5 年，一期围堰保护泄水闸、电站厂房及船闸等主体工程施工安全。

受汉江上游 9 月 4—19 日 3 次强降雨过程影响，丹江口水库不断加大下泄流量。兴隆枢纽工程于 9 月 16 日进入防洪阶段。16 日 14 时，兴隆枢纽上游水位达到 36.55m，超过设计防洪水位（36.50m，黄海高程，下同），沙洋站流量为 $9920m^3/s$；17 日 20 时，兴隆枢纽上游水位为 38.39m，接近警戒水位（38.40m），沙洋站流量达到 $12900m^3/s$。由于汉江秋汛来势猛、流量大，而且河道比降大、流速急，围堰上裹头基脚、上游围堰回水区，均受洪水严重冲刷，围堰防洪形势十分严峻。18 日下午 16 时 17 分，在上游围堰距左纵围堰中心线约 80m（桩号 0+080）处迎水面出现黄色泡沫并随即发生长约 8m 崩塌，随后向右岸迅速扩展到桩号 0+180 处（崩塌时水位为 39.00m，流量为 $13600m^3/s$，流速为 3.7m/s）。崩塌长约 100m，崩塌后缘高程约为 39.50m，局部迅速发展至 41.50m 高程左右（围堰堰顶高程为 42.50m，宽 10m），距围堰顶仅 1m，崩塌上游围堰坡脚近 1/3。围堰在大流量、高水位、高流速洪流的冲击下，岌岌可危。

针对围堰崩塌险情，各方紧急行动，奋力抢险。

（1）快速响应，及时做好现场应急处置。险情发生后，湖北省南水北调工程建设管理局迅速成立前线抢险指挥部，现场组织 600 余人的抢险突击队、20 余台（套）大型机械设备投入抢险。同时，湖北大禹水利水电建设有限责任公司兴隆项目部、沙洋县南水北调中线工程管理局、潜江市南水北调工程建设管理局、荆门市防汛抗旱办公室迅速组织调集 100 余辆运输车从雁门口石料场、荆门石料场、马良石料场向兴隆水利枢纽运送抢险石料；武装警察部队水电第二总队七支队引江济汉项目部、中国水利水电第十三工程局有限公司引江济汉工程项目部、葛洲坝集团基础工程有限公司引江济汉项目部等单位积极调集近 60 辆运输车紧急援助兴隆抢险；武装警察部队水电第二总队七支队 40 名武警战士，组成抢险突击队连夜赶赴现场参与抢险。兴隆水利枢纽上游围堰抢护现场见图 3.2-2。

（2）确保信息通畅，寻求外部援助。兴隆水利枢纽防汛办公室及时将险情上报到国务院南水北调工程建设委员会办公室、湖北省防指，积极争取上级支持。湖北省防指对兴隆枢纽工程险情高度重视，连夜选派防汛专家赶赴现场指导抢险工作，并迅速协调湖北省汉江河道管理局就近解决抢险石料等相关问题。

图 3.2-2　兴隆水利枢纽上游围堰抢护

（3）宣布进入防汛紧急状态，全员皆兵，顽强拼搏，奋力抢险。前线抢险指挥部设立了抢险技术组、物资调配组、抢险救援组、巡堤查险督察组、安全监督组、宣传报道组、水情测报组、后勤保障组等 8 个小组，以险情为命令，各司其职。

经过近 40h 的全力抢险，向崩塌处抛石 1.5 万 m³，险情得到了有效控制，保证了兴隆水利枢纽工程施工度汛安全。

3.2.3　湖北省治全水库坝顶漫溢险情

治全水库位于陆水水系隽水河上游咸宁市通城县五里镇治全村。水库承雨面积为 2.2km²，总库容为 27 万 m³，是一座具有灌溉、防洪、养殖等效益的小（2）型水库。该水库修建于 1964 年 10 月，水库大坝为土石坝。

2011 年 6 月 10 日 1—5 时，通城县普降大雨，五里镇降雨量达 281.7mm，致使山洪暴发，洪水猛涨。治全水库泄洪不及，6 月 10 日 4 时 30 分，洪水从坝顶漫溢，坝顶以上最大水深近 1m，漫坝洪水冲刷大坝背水坡，冲毁右坝头长 50m 坝坡，最大冲深达 2.5m，垮塌土方 1.2 万 m³。6 时 30 分，洪水平坝顶，9

时 30 分，洪水下降到坝顶下 1m，13 时，洪水下降到坝顶下 2.7m。

险情发生后，省、市、县水利部门负责人和工程技术人员赶赴现场，组织指挥抢险工作。共投入翻斗车 4 辆、挖掘机 5 台（套），接通备用电源，昼夜抢险。至 6 月 11 日上午，疏通扩挖溢洪道，使溢洪道进口宽度增至 8.3m，堰顶高程降低 2.00m，以增大下泄流量；对右坝头冲刷部位进行坝体培土修复，已完成土石方 1.0 万 m³，11 日下午全面完成坝体修复。同时清除下游坝坡杂草，观察坝体运行情况。经观察，坝体有散浸，但未发展，没发现其他险情。

治全水库已列入国家重点小（2）型病险水库除险加固规划，其初步设计等前期工作已经完成，计划汛后进行水库除险加固。

3.2.4　湖北省西山水库大坝塌坑险情

西山水库位于黄石市大冶市金牛镇袁铺村。水库坝址以上承雨面积为 0.62km²，总库容为 13.9 万 m³，是一座具有灌溉、防洪等效益的小（2）型水库。枢纽工程由大坝、溢洪道、输水涵管等组成。大坝为均质土坝，坝顶长 90m，坝顶宽 3.5m，坝顶高程为 71.00m，最大坝高为 8.8m。水库正常蓄水位为 68.70m，设计洪水位为 69.63m，校核洪水位为 69.97m，死水位为 63.43m。上、下游坝坡坡比分别为 1：2.2 和 1：2，均为草皮护坡。溢洪道位于大坝右岸，堰顶高程为 68.70m，进口底宽为 6.5m。输水涵管位于坝体中部，为条石箱涵结构，断面尺寸为 0.3m×0.3m，进水口底板高程为 63.43m。水库影响下游 200 名群众、500 亩耕地的安全。该水库于 1971 年 11 月开工，1974 年 12 月建成并投入运用。

2011 年 7 月 30 日，水库管理人员发现水库大坝背水坡一级平台坝体输水管上部 67.50m 高程处，出现直径 2m、深 2m 的塌坑。据分析，产生险情的原因是条形砌石箱涵长期渗漏且淘刷大坝土体，形成渗透变形破坏所致。

险情发生后，黄石市、大冶市等水利部门负责人和工程技术人员连夜赶赴现场，迅速组织抢险。一是对大坝下游坝坡塌坑进行翻挖，并采用土石回填；二是在溢洪道中部开挖宽 1.5m、深 1.3m 的泄水通道，以降低库水位；三是水库防汛责任人进岗到位，并组建专班，实行 24h 观测防守。

针对西山水库的险情，湖北省水利厅防汛抢险指导组提出以下主要措施：

（1）进一步强化险情抢护措施。按照汛期 10 年一遇洪水，调洪最高库水位不超过正常蓄水位的标准，确定溢洪道抽槽的宽度及深度，并抓紧组织实施。鉴于因输水管进口闸门关闭不严，涵管出口仍存在渗水现象，建议对进水口采用黏土铺盖封堵。

（2）进一步加强险情观察防守，发现险情变化，及时报告并组织抢护。

（3）进一步完善应急预案，保证一旦需要应急转移，做到有力、有序、有效应对。

（4）做好水库除险加固准备工作。西山水库已纳入《一般小（2）型水库除险加固专项规划》，建议抓紧编制初步设计报告，汛后组织实施。

3.2.5　湖北省汉江干堤东菜园崩岸

2011年汉江秋汛期，汉江武汉河段洪水比降陡、流速急、退水快。受此影响，10月21日，月湖桥至晴川桥右岸的汉江干堤东菜园段长约500m范围内发生多处崩岸险情，造成堤坡裂缝、岸坡崩塌和正六边形混凝土预制块护坡水毁，累计崩岸长度为100多米，面积约为1180m²，其中最严重崩岸在桩号4+150～4+180处，距驳岸墙仅5～8m，对堤防安全造成严重威胁。

险情发生后，湖北省防指主要领导高度重视，批示要求首抓护岸脱险保安，抓紧研究制订整治方案。湖北省水利厅厅长王忠法带领工作组赶赴现场，检查指导应急抢护工作，并现场研究综合整治方案。武汉市、汉阳区两级水务、堤防部门迅速成立专门应急抢险指挥部，建立险情观测点，设立警戒区域，安排专人进行24h险情观测，并连夜调用防汛备料石抛石固脚，见图3.2-3。经过昼夜奋战，应急抢护施工共计完成抛护岸沙袋2400m³，水下抛石固脚14169m³，覆盖裂缝彩条布1000m²，险情得以基本控制。

图3.2-3　抢护人员对东菜园崩岸进行抛石固脚抢护

3.2.6　湖南省车洞水库漫坝溃决险情

车洞水库位于岳阳县毛田镇孟成村新墙河上。坝址以上集水面积为6km²，水库总库容为15万m³，校核洪水位为487.30m，设计洪水位为486.30m，为小（2）型水库。水库下游影响范围内有人口1200人，耕地500亩。

车洞水库建设时间为1989年12月。水库枢纽由大坝、溢洪道、灌溉输水管等组成。大坝为均质土坝，坝顶高程为488.80m，最大坝高为15m。溢洪道泄流能力为10m³/s，该水库为病险水库。

2011年6月9日24时至10日凌晨6时，岳阳县普降大到暴雨，东部山区局部降特大暴雨，其中相思站降雨量为272.1mm、云山站为190.3mm、临湘县贺畈站为271.6mm。车洞水库与临湘县贺畈接壤，参考贺畈站暴雨频率分析，暴雨重现期达300年。特大暴雨致使水库上游来水猛增，由于水库溢洪道过流能力不足，水库水位快速抬升，10日凌晨5时46分，水库因洪水漫坝溃决，溃坝洪水冲毁下游农田100多亩，公路560m，车洞水库漫坝溃决现场见图3.2-4。

图3.2-4 车洞水库漫坝溃决现场

由于暴雨强度太大，且没有上坝公路，导致抢险人员、物资及设备短时内无法到达现场，一时难以采取有效抢险措施。经紧急会商决定，于10日3时45分启动车洞水库紧急转移预案，按照预案要求采取打锣、喊话等方式通知水库下游群众向高处进行紧急转移疏散。至5时10分左右，水库下游96户288人全部转移至安全地带。由于下游群众组织转移及时，未造成人员伤亡。

3.2.7 湖南省廖段水库漫坝溃决险情

廖段水库位于岳阳县毛田镇廖段村新墙河上。坝址以上集水面积为2.4km²，水库总库容为11.5万m³，校核洪水位为458.80m，设计洪水位为457.80m，为小（2）型水库。水库下游影响范围内有人口200人，耕地

300 亩。

廖段水库建设时间为 1982 年 10 月。水库枢纽由大坝、溢洪道、灌溉输水管等组成。大坝为均质土坝，坝顶高程为 460.60m，最大坝高为 11m。溢洪道泄流能力为 5.0m³/s，该水库为病险水库。

2011 年 6 月 9 日 24 时至 10 日凌晨 6 时，岳阳县普降大到暴雨，东部山区局部降特大暴雨，其中相思站降雨量为 272.1mm、云山站 190.3mm。廖段水库与相思乡接壤，参考相思站暴雨频率分析，暴雨重现期达 300 年。特大暴雨致使水库上游来水猛增，由于水库溢洪道过流能力不足，水库水位快速抬升，10 日凌晨 6 时，洪水漫坝，外坡右侧临溢洪道段坝体滑坡，坝体冲垮近 2/3，造成下游 10 多亩农田压沙，45m 公路损毁，廖段水库漫坝溃决现场见图 3.2－5。

图 3.2－5　廖段水库漫坝溃决现场

由于水库上坝公路完全冲毁，电力线路损坏，导致抢险物资、设备及人员短时无法到达现场，一时难以采取有效抢险措施处置险情。在下游群众已安全转移的情况下，岳阳市防汛抗旱指挥部与岳阳县防汛抗旱专家现场会商后，决定采用开挖拓宽溢洪道加大泄量的办法缓解险情，但终因来水量大、涨幅过快，水库漫坝而溃决。由于下游群众组织转移及时，未造成人员伤亡。

3.2.8　湖南省栗垅水库漫坝溃决险情

栗垅水库位于临湘市白羊田镇方山村游港河上。坝址以上集水面积为 4km²，水库总库容为 18 万 m³，设计洪水位为 311.18m，为小（2）型水库。

栗垅水库建设时间为 1972 年 3 月。水库枢纽由大坝、溢洪道、灌溉输水管等组成。大坝为均质土坝，坝顶高程为 313.50m，最大坝高为 18m。溢洪道泄流能力为 27m³/s，该水库为病险水库。

2011 年 6 月 9—10 日，水库库区 7h 内降雨量达到 200 多毫米（附近贺畈为 271.6mm）。特大暴雨致使水库上游来水过急过快，10 日凌晨 5 点 50 分左右，水库因洪水漫坝溃决，冲毁房屋 2 栋，冲毁水田 170 多亩，栗垅水库漫坝溃决现场见图 3.2－6。

图 3.2－6   栗垅水库漫坝溃决现场

根据气象预测，临湘市防汛抗旱指挥部于 6 月 9 日 15 时向白羊田镇党委、镇政府及水管站下发了暴雨预警通知，水库技术责任人及白羊田镇政府主要负责同志立即赶赴现场，密切关注栗垅水库运行情况，并着手准备组织转移下游群众。23 时 20 分左右，白羊田镇方山村开始疏散水库下游居民，并加派巡逻力量。至 24 时左右，水库下游 2 户居民疏散完毕。10 日凌晨 2 时左右，水库水位涨至距坝顶仅 2.00m，且水位快速上涨。方山村及时组织干部群众 100 多人上坝加筑子堤。但终因来水量大、水位上涨过快，水库漫坝而溃决。该水库位于南山水库上游 1.5km 处，南山水库 2011 年刚整险完毕，水库没有蓄水，拦蓄了栗垅水库溃坝而下泄的水量，且两水库之间为山谷，田地和居民较少，故溃坝没有造成较大经济损失，也未造成人员伤亡。

3.2.9   湖南省青坑水库漫坝坝坡损坏险情

青坑水库地处临湘市白羊田镇秀只村，所在河流为游港河。坝址以上集水面积为 2.8km²，水库总库容为 25 万 m³，设计洪水位为 135.00m，为小（2）型水库。

青坑水库建设时间为 1973 年 1 月。水库枢纽由大坝、溢洪道、灌溉输水管等组成。大坝为心墙坝，坝顶高程为 137.59m，最大坝高为 17m。溢洪道为宽顶堰，泄流能力为 28m³/s，该水库为病险水库。

2011 年 6 月 9 日 23 时开始，临湘市突降特大暴雨，白羊田地区 4h 内降雨量达 200 多毫米。短时期内强降雨造成水库上游来水过急过快，水库于 10 日 3 时左右漫坝，导致大坝左侧外坡长约 15m 坝坡损坏（但内坡和坝顶未损坏，溢洪道能正常泄洪），下游 200 多亩水田被冲毁。

水库漫坝前，白羊田镇政府及秀只村组织劳力 100 多人，转移水库下游居民，并积极进行抢险。但因来水量大、水位上涨过快，最终导致漫坝。漫坝险情发生后，岳阳市防汛抗旱指挥部立即派人员赶赴现场指导抢险，6 月 13 日下午，又派 100 名武警参与抢险工作，恢复损坏的坝体，并调 4 台风钻机用于降低、拓宽溢洪道，扩大泄流断面。同时调集 20 床帆布、2t 铁丝，用于包裹坝体，以保坝体安全。经抢险，险情基本得到控制。

3.2.10　湖南省工农水库水流冲刷险情

工农水库地处石门县雁池乡，所在河流为澧水支流溇水。坝址以上集水面积为 10.25km²，水库总库容为 135 万 m³，校核洪水位为 226.75m，设计洪水位为 226.22m，为小（1）型水库。水库影响下游古罗钱乡及雁池乡皮家河、五通、枇杷和水晶设庙村 1200 人的安全。

工农水库建设时间为 1971 年 9 月。水库枢纽由大坝、溢洪道、灌溉输水管等组成。大坝为黏土心墙坝，最大坝高为 23.2m，水库为病险水库。

2011 年 6 月 17—18 日，石门县普降特大暴雨，水库所在地苏市雨量站日降雨量达 159mm。18 日凌晨 4 时，溢洪道过水深达 2m，溢洪道右端与山体结合部有大股水流，冲刷坝左端山体，并危及大坝。发生险情时库水位为 224.00m，相应库容为 97 万 m³。

险情发生后，县、乡主要领导和防汛指挥部技术人员立即赶赴现场指挥处置工作，对下游 4 个村 1200 名群众进行疏散转移，并进行抛石抢护。经抢险，险情基本得到控制。

3.2.11　江西省上饶市畲湾联圩管涌险情

2011 年 6 月 16 日 5 时，上饶市鄱阳县饶埠镇畲湾联圩（韩湾段）桩号 15＋220 堤脚处出现多处泡泉（管涌），泡泉相连，翻沙涌水区面积达 1500m²。8 时许，在桩号 15＋100 处又出现了渗漏险情，水流浑浊。

畲湾联圩韩湾段出险时外江水位为 22.14m，超警戒水位 2.14m。韩湾段堤防直接保护 1.5 万人、1.8 万亩耕地及 10kV 输配电线路与景鹰高速公路的安全。韩湾段堤防一旦溃堤，还会使湾埠内圩及饶埠内圩相继溃决，将会影响畲湾联圩保护范围内 5.9 万亩耕地、6 万余人生命财产的安全。

发现泡泉险情后，镇领导与县派驻的技术人员及时组织人员进行了处置。8 时，发生渗漏险情后，江西省防汛抗旱指挥部（以下简称江西省防指）派出专家组会同市、县专家亲临现场指挥，150 名武警消防官兵和当地 600 余干部群众共同抢险。抢险措施为堤防背水侧反滤压盖，迎水侧抛填黏土前戗，共耗用土方 1000m³、砂卵石 3600m³。通过抢险，险情得到有效控制。

3.2.12　江西省丰城市小港闸海漫冲毁淘空险情

小港闸位于丰城市小港镇境内，是赣东大堤上的一座中型水利枢纽工程，具有泄洪、蓄水、灌溉等效益。

2011 年 6 月 4—7 日，丰城市普降大暴雨，平均降雨量超 200mm，强降雨造成清丰山溪水位迅速上涨，6 日 17 时小港口闸内水位达 25.75m，超警戒水位 1.05m。6 月 6 日，小港闸泄洪时发生海漫冲毁淘空，危及消力池边墙稳定。

险情发生后，江西省防指高度关注，立即派出以江西省水利厅曾晓旦副厅长带队的专家组到现场指导险情应急处理。经过省、市、县专家现场会商，研究制订了对海漫进行抛石固基、对两岸进行护坡的应急处理方案。6 月 9 日，江西省防指副总指挥、省水利厅厅长孙晓山亲临现场指导抢险。

小港闸应急除险工作自 6 月 7 日开始，共投入 4 辆大型铲车、5 辆大型挖掘机、6 辆小型挖掘机、120 辆载重工程车、6 艘 200t 运输船。经过 5 个昼夜艰苦奋战，应急除险任务顺利完成，达到了安全泄洪要求。抢险共完成抛石固基及块石护坡 1.8 万 m³、格宾石笼护面 3000m²、土方 2900m³。丰城市政府拨专款 300 万元用于抢险。

3.2.13　江西省樟树市团结水库涵管漏水险情

团结水库地处樟树市吴城乡西塘村，所在河流为赣江肖江河。坝址以上集水面积为 0.8km²，水库总库容为 48 万 m³，校核洪水位为 16.10m（相对高程），设计洪水位为 15.70m，为小（2）型水库。水库下游影响范围内有 20 人、耕地 1000 亩。

团结水库建设时间为 1960 年 11 月。水库枢纽由大坝、溢洪道、输水涵管等组成。大坝为均质土坝，坝顶高程为 17.00m，最大坝高为 7.5m。溢洪道泄流能力为 12m³/s。该水库为病险水库。涵管坐落在大坝右岸，涵管底部高程为 10.00m。

2011 年 6 月 16 日 10 时 30 分，水库巡查人员发现涵管因年久失修、老化，漏水严重，立即将险情报告吴城乡政府。接到险情报告后，吴城乡党委、乡政府主要领导立即赶赴现场组织抢险，紧急调集装载机 2 辆、大型挖掘机 2 台、大型载重运输汽车 15 辆、中型载重运输汽车 8 辆、抢险人员 82 人进行抢险，并紧急转移受威胁地区群众 20 人。

由于涵管年久失修、老化，渗漏严重，漏水不断扩大，当时库水位为 14.20m，比溢洪道底板低 0.50m。为确保大坝安全，经现场研究确定采用如下抢险方案：一是采用挖掘机在大坝右岸开挖非常溢洪道，降低库水位；二是在涵管进水口前修围堰，再用挖掘机拆除涵管、回填土方。

至 6 月 17 日 8 时，涵管拆除及土方回填全部完成，共开挖、回填土方 10000m³，耗用块石 1000m³、卵石 300m³、彩条布 8000m²，有效排除了险情。

3.3　典型突发自然灾害及应急处置

3.3.1　云南省盈江"3.10"地震灾害

3.3.1.1　地震灾害特点

3 月 10 日 12 时 58 分，云南省德宏州盈江县发生 5.8 级地震，震中位于北纬 24.7°、东经 97.9°，震源深度约 10km。受灾区面积约 4180km²，其中地震烈度 8 度区面积约为 70km²，7 度区面积约为 490km²。盈江"3.10"地震发生在大盈江断裂带上，主要特点如下：

(1) 城市直下型地震。震中临近盈江县城，只有 2km，破坏性大。

(2) 震源浅。深度只有 5～10km，2 级以上地震有强烈震感。

(3) 震害叠加。盈江震区继 2008 年遭受 5.0 级、5.1 级、5.9 级 3 次地震后，从 2011 年的 1 月 1 日至 3 月 17 日，共发生了 1924 次地震，震害叠加十分明显。

(4) 震害发生在边疆、少数民族聚居的抵御自然灾害能力较弱的地区。

(5) 震害损失较重。地震造成 25 人遇难、314 人受伤；6.06 万户、28.25 万人受灾；房屋倒塌 3613 户、1.84 万间；县城电力、通信中断；道路、水利、电力、教育、通信、厂矿企业等基础设施严重受损，地震共造成经济损失 29.64 亿元。

3.3.1.2　水利设施震损情况

盈江"3.10"地震造成了水利工程设施震损。据统计，截至 3 月 18 日 16 时止，德宏州水利设施震损情况为水库 5 座，塘坝 1 座，江河堤防 178 处 (40.60km)；水源设施 106 处，供水管道 243.9km，影响人口 5.8 万人；灌排建筑物 26 座，渠道长度 40.4km，影响灌溉面积 7.4 万亩；水文测站 3 个，站房

660m²；水保工程 2 处；损坏其他水利设施 74 处，造成直接经济损失 2.10 亿元。

此次震损水利设施中，盈江县大盈江堤防震损尤为严重，特别是 19.2km 长堤防出现严重震损裂缝（图 3.3-1 和图 3.3-2，其中单条裂缝堤段长 10.5km，两条或多条裂缝堤段长 8.7km，堤基涌沙堤段长 4.7km，最大裂缝宽 30cm），汛期将危及旧城镇、平原镇、弄璋镇、太平镇、油松岭乡等 5 个乡（镇）共 12 万人、16 万亩耕地的防洪安全。

图 3.3-1　大盈江左堤堤顶出现纵向裂缝

图 3.3-2　大盈江左堤背水侧堤后涌沙

3.3.1.3　云南省抗震救灾工作

地震灾害发生后，云南省委、省政府及地方各级政府与部门高度重视，采取有效措施进行水利抗震救灾，防止发生次生灾害。

（1）各级领导高度重视，部门密切协同配合。云南省委、省政府高度重视抗震救灾工作。云南省委书记、省长先后作出批示。省委主要领导11日凌晨抵达盈江察看灾情，慰问受灾群众。云南省水利厅及时派出水利专项工作组，赶赴灾区指导水利抗震救灾工作。德宏州委、州政府及相关县（市）等领导深入灾区一线开展抗震救灾工作。

（2）迅速开展震后水利工程安全大检查。地震发生后，德宏州及县（市）水利局领导迅速带领检查组，及时开展以水库为重点的震后水利工程安全检查。盈江县水利局迅速成立"3.10"抗震救灾指挥部，设人饮抗震小组、重点水利工程抗震小组、后勤保障小组，每天召开两次抗震救灾工作例会，及时报告险情排查和人饮工程抢险情况。其他县（市）也及时组织力量对水利设施震损情况进行全面排查。

（3）以人为本，确保人畜饮水安全。灾区各级政府和水利部门将解决人饮困难作为抗震救灾的重要任务。盈江县水利局组织65人的工程队，抢通47个村民小组震损供水工程，解决了2.17万人应急供水问题。陇川县水利局在受损较重的姐乌、清平架设临时管道2.4km，出动运水车3辆次，解决1320人和280头大牲畜饮水困难。芒市水利局对5个村寨受损水池、管道进行加固修复，及时恢复2000余人生活供水。

（4）及时开展震后水利工程防汛保安工作。一是加强水利工程防汛值守、险情巡查和监测工作，对震损部位进行重点监测；二是严格控制震损水库蓄水；三是组织设计单位编制地震灾后水利设施应急除险加固实施方案。

3.3.1.4　国家防总和长江防总专家工作组开展工作情况

地震发生后，按照国家防总和水利部领导指示，国家防汛抗旱总指挥部办公室（以下简称国家防办）分别于3月11日、14日派出长江委副总工程师夏仲平等5人组成的专家组和国家防总邱瑞田督察专员、长江委副主任魏山忠等10人组成的工作组，赴震区指导抗震救灾工作。专家组、工作组赴现场后，立即进行水利工程震损险情查勘，指导和协助地方完成了大盈江震损堤防应急除险加固方案、地震灾后水利设施应急除险加固实施方案、2011年德宏州应急度汛预案等编制工作，并对抗震救灾工作提出意见和要求。主要情况如下：

（1）实地查勘水利设施震损情况，及时报告险情。工作组赶赴灾区后，立即分组查勘大盈江邦巴堤、勐展堤、岗勐堤、大小沙堤、关纯堤等堤防和海岗、广等、黄莲塘、草坝、芒别等水库及供水、灌溉等震损水利设施现场。当检查发现大盈江长 19.2km 堤防出现震损裂缝，严重影响 2011 年度汛安全时，及时向国家防总和水利部汇报，为领导科学决策提供了第一手资料。

（2）指导地方进行大盈江震损堤防应急除险加固设计。盈江"3.10"地震造成盈江县大盈江长 19.2km 堤防裂缝，最大裂缝宽约 30cm，垂直最大错缝 45cm。震损裂缝及堤后涌沙严重破坏了堤身结构，削弱了地基渗透稳定性，影响度汛安全。按照水利部领导的要求，工作组指导并参与大盈江震损堤防应急除险加固方案设计，协助云南省水利水电勘测设计研究院、德宏州水利电力勘察设计院提出了《云南盈江"3.10"地震灾后水利设施应急除险加固实施方案》，并提出了该应急除险加固实施方案专家咨询意见。

堤防应急除险加固工程方案为对 19.2km 堤防所有震损裂缝进行抽槽回填黏土夯实处理，对深度大于 2m 的裂缝，抽槽 2m 回填黏土夯实后，再进行水泥黏土浆灌浆处理；对长 4.7km 堤基涌沙严重的堤段堤后设宽约 10m、厚 2m 盖重；对长 2.5km 迎流顶冲堤段进行抛石防护。应急除险加固工程于 3 月 21 日开工，主体工程计划 5 月 20 日前完工。

（3）协助地方编制地震灾后水利设施除险加固实施方案。为恢复堤防、水库、供水、灌溉等震损水利设施，为灾后恢复重建提供必要的水利支撑和保障，工作组按照水利部统一安排，分堤防、水库、人饮供水和灌溉 3 个组参加现场调查，并现场指导设计单位进行《云南盈江"3.10"地震灾后水利设施除险加固实施方案》编制工作，确保了除险加固实施方案按期完成。

《盈江"3.10"地震灾后水利设施除险加固实施方案》主要内容为加固震损堤防 40.60km，水库 5 座；拆除重建供水水池 31 座，修复裂缝水池 80 座，更换供水管道 243.9km；拆除重建灌溉取水闸 10 座，修复取水闸 28 座，修复取水坝 5 座，拆除重建渡槽支墩 1 个，修复渡槽 2 座，重建渠道 26.9km，修复渠道 13.5km 等，工程总投资约 2.1 亿元。

（4）指导地方编制 2011 年德宏州应急度汛预案。为确保灾区水利设施 2011 年安全度汛，工作组指导德宏州编制了 2011 年应急度汛预案。重点对震损堤防、震损水库的安全度汛以及突发暴雨洪水灾害的预防和应急处置的组织指挥体系及职责、预防和预警机制、应急响应、应急保障、善后工作等进行了规定，为建立统一、快速、协调、高效的应急处置机制，保证抗洪抢险救灾高效、有序进行，最大限度地减少人员伤亡和财产损失创造了有利条件。

（5）提出了抗震救灾和安全度汛工作要求。

1）大盈江堤防震损严重，要求相关部门迅速查明大盈江堤防震损情况，尽快提出应急除险设计，经审查后抓紧施工，确保堤防度汛安全。

2）要继续加强水库的观测，确保运行安全。水库的险情发生有一个过程，一定要加强观测，特别是高水位或蓄水期的观测，发生险情要及时处理和报告。对于芒别水库，要降低库水位运行，并制订汛期应急抢险方案。

3）继续加大震损水利工程设施排查力度，防止发生次生灾害。

3.3.2 云南省大理白族自治州云龙县沘江杏林堰塞湖

2011年12月17日19时50分，大理白族自治州云龙县境内澜沧江一级支流沘江杏林段的右岸山体在没有降雨、地震、开矿的情况下突然发生滑坡，虽然没有造成人员伤亡，但阻断沘江河道，形成堰塞湖，危及上、下游3万余人生命财产安全。该处滑坡位于云龙县城上游8.5km处，土石顺右岸山体滑下，切断省道S227线，堵死沘江河道。滑坡体长约183m，宽约120m，总方量约135万m³。据当地群众反映，该处历史上曾多次发生滑坡，2002年的滑坡造成了5人死亡。

滑坡体进入河道后将沘江完全阻断，形成右侧高、左侧低的堰塞坝，上游蓄水形成堰塞湖，见图3.3-3。堰塞坝横河方向上游侧长约76m，下游侧长约67m；坝体右侧高约41m，左侧高约11m，顺河方向顶部宽约30m，底部宽约200m。坝体由块石、碎石和风化土组成，目估较大块石粒径1m左右，粒径小于40cm的碎石和泥土占85%左右，没有发现坝体渗漏现象。

图3.3-3 沘江杏林堰塞坝阻断河道和排洪沟情况

据当地同志反映，该处河道冬季一般流量约为6~10m³/s，夏季实测最大流量为 1050m³/s，10 年一遇洪水流量为 830m³/s。12 月 18 日 14 时 50 分，堰塞湖达到最高蓄水位，最大水深约为 11m，总库容约为 62 万 m³，回水长度约为 2.8km，入湖流量为 9.2m³/s。滑坡共造成 168 户、514 人直接受灾，并威胁上、下游沿岸两个乡（镇）及云龙县城约 3 万人生命财产安全。

险情发生后，国务院副总理、国家防总总指挥回良玉作出重要批示，国家防总副总指挥、水利部部长陈雷立即进行部署，派出国家防总和长江防总工作组和专家组赶赴现场，协助当地做好堰塞湖排险与群众避险工作。与此同时，云南省各级防汛抗旱指挥部和有关部门迅速调集人员和设备投入抢险，及时转移疏散受威胁群众，有效避免了次生灾害的发生。

一是各级各部门响应迅速，组织有力。险情发生后，云南省防汛抗旱指挥部和云南省水利厅迅速派出工作组和专家组，连夜赶赴现场指导抢险。大理白族自治州党委、州政府迅速派出州领导带领州水务、国土、交通、民政等有关部门同志赶赴现场组织抢险救灾。云龙县党委、县政府主要领导迅速组织有关部门落实具体措施，转移危险区群众，调集抢险队伍、设备和物资，迅速开展抢险工作。

二是抢险工作措施得当，应对有序。云龙县委、县政府第一时间成立了抢险抗灾现场指挥部，组成多个工作组开展工作，统一领导，分工负责。安排专人对滑坡体和周围山体进行 24h 监测，及时预警，防止发生次生灾害。迅速转移上、下游受威胁区群众，并通知沿河居民和企事业单位做好各项防范工作。组织专业部门和相关专家勘察现场，研究制订抢险方案。及时调集抢险机械设备和人员，并筹措资金 130 万元用于应急抢险救灾，有力地保障了抢险救灾工作顺利进行。

三是应急排险方案可行，处置有效。在各有关部门的共同努力下，迅速制订出应急排险方案：沿堰塞坝左侧较低的部位开挖排洪沟，降低堰塞湖水位，减小堰塞坝溃决风险。随即调集了 4 台挖掘机进行开挖作业。至 18 日 15 时 30 分，排洪沟上、下游贯通并开始泄水；21 日 17 时，排洪沟扩挖至宽约 12m、深约 7m、长约 180m，泄洪能力约 17m³/s；至 22 日 8 时，堰塞湖水位已下降 2.40m，蓄水量降至约 25 万 m³；并在堰塞体上打通了一条沟通上、下游交通的临时便道，完成了应急抢险任务。

四是宣传引导及时，群众情绪稳定。灾情发生后，当地及时组织有关部门深入现场，开展灾情调查，在第一时间掌握基本情况，并通过手机短信向群众发布信息，成立了群众和宣传工作组，及时开展宣传和舆论引导，得到了群众的理解，保障了社会秩序稳定。

国家防总和长江防总工作组和专家组充分肯定了云南省各级组织开展的

抢险救灾工作，并对堰塞湖的后续处理工作提出了意见。

一是加强滑坡体及其周边的监测预警和现场管理工作。特别要进一步加强滑坡体及其周边岩体的监测预警和施工、通行人员的管理，防止人员受伤。

二是继续细化并落实危险区群众预警避险和有关措施。

三是加强堰塞坝排洪沟左侧岸坡的防冲守护工作。

四是抓紧开展堰塞湖后续整治方案设计工作。要统筹考虑水利、交通、国土资源等多方需求，协调好滑坡处理、道路处理、河道恢复等工程的衔接，全面考虑上下游、左右岸的利益，按照有关技术规范要求，抓紧提出后续整治设计方案，按程序批准后实施。

五是要求在 2012 年汛前全面完成堰塞湖后续整治任务。

3.3.3 湖北省房县二荒坪堰塞湖

2011 年 6 月 14 日 16 时 40 分，受强降雨袭击，湖北省房县二荒坪二组平渡河右岸发生大面积山体滑坡，滑坡体阻断平渡河，形成堰塞湖。堰塞体右高左低，顺河向长 110m，宽 70m，厚度约 40m，方量约 27 万 m³。堰塞湖蓄水量约为 150 万 m³，见图 3.3-4。山体滑坡造成 6 人失踪，通往湖溪村的道路被堰塞湖阻断，堰塞湖威胁下游约 2000 人的生命财产安全。

图 3.3-4 房县二荒坪堰塞湖蓄水量约 150 万 m³

平渡河是汉江水系堵河右岸的一级支流，堰塞坝控制流域面积约为 198km²。平渡河为峡谷型河谷，两岸山体雄厚、陡峻。滑坡处地形坡度较陡，基岩岩性为砂、页岩，岩层总体倾向下游，倾角较陡，为横向河谷。岩体本身卸荷风化，岩层间的结合较差，力学强度较低。滑坡体物质构成主要为块石，粒径一般为 20～50cm，表面所见最大的块石长约 5m，宽约 3m。

国家防总高度重视二荒坪堰塞湖的应急处置工作，发生险情后立即派出工作组和专家组于 6 月 15 日赶赴现场指导抢险救灾工作。16 日多次查勘了堰塞坝应急处理现场，并与省、市、县各级水利和防汛指挥部门领导、专家进行了讨论。经讨论，与会专家一致认为：平渡河山体滑坡形成的堰塞体体积较大，主要由块石组成，粒径较大，整体稳定性较强，突然整体溃决的可能性较小，但由于形成的堰塞湖水体较大，对下游的威胁仍存在，当前应继续抓好应急处置工作。

一是继续拓挖泄水渠，加大泄流能力，有效降低堰塞湖水位，以减小溃决风险。堰塞体左侧地势较低，经过处理后，已形成了宽约 5～15m、深约 5m 的泄水渠，见图 3.3-5。应急抢险应满足安全宣泄该河段 10 年一遇洪水的要求，泄水渠的横断面尺寸至少要达到 20m×8m（宽×深）。

图 3.3-5　二荒坪堰塞湖泄水渠过流

二是对滑坡体后缘及周边不稳定山体尽快进行处理，以保证堰塞体处置施工、监测等人员的安全。

三是加强雨情、水情和堰塞体及其周边区域滑坡、泥石流的监测，加强未来降水对上、下游水位上涨影响的分析，为有关部门决策上、下游群众转移避险提供基础数据。

四是迅速打通至堰塞体的交通通道，以利于泄水渠和堰塞体处理的施工。

五是鉴于堰塞体的稳定性及清除施工的难度等因素，后期整治可基本保留堰塞体，只做适当清理平整；左侧泄水渠的泄流能力应满足该河段的防洪标准要求，具体整治方案应进一步分析论证确定。

按照专家组的意见，地方防汛抗旱指挥部组织力量进行堰塞体爆破和人工扩挖等抢险工作。至 21 日 8 时，堰塞湖入库流量为 1.82m³/s，出库流量为 2.1m³/s，水位已下降至 653.73m，蓄水量下降至 112.1 万 m³，对下游群众的威胁已大为减小。鉴于房县二荒坪堰塞湖险情已基本可控，经湖北省防指办公室同意，处于安全线以上紧急转移避险的群众，陆续返回家园，恢复正常生活。

第4章

洪 涝 灾 害 损 失

4.1 概　况

2011 年长江流域共有江苏、安徽、江西、湖北、湖南、四川、重庆、贵州、云南、陕西等 10 省（直辖市）、634 个县（市、区）受灾。受灾人口 5590.25 万人，因灾死亡 271 人，失踪 102 人，紧急转移 399.59 万人；倒塌房屋 26.59 万间；因洪涝灾害造成的直接经济损失 605.91 亿元。

4.2 灾　情　特　点

2011 年的灾害具有以下三个方面的特点：

（1）旱涝急转，灾情突变。2011 年长江中下游地区出现罕见的春夏连旱，至 5 月底，降雨严重偏少，江河来水不足，水位持续偏低，众多水库水位低于死水位，农业养殖业受灾严重，部分地区人畜饮水困难。6 月初，长江中下游及以南地区出现强降水过程，江西、湖南、湖北等地降大到暴雨，导致大范围出现旱涝急转，部分地区发生严重洪涝灾害，上千万人遭遇洪灾，农田受淹，房屋倒塌，水利设施严重受损，少数水库溃坝。受灾较为严重的江西省、湖北省、湖南省直接经济损失分别达 89.34 亿元、73.45 亿元和 57.15 亿元。

（2）干流水势平稳，支流灾害严重。2011 年长江流域来水总体偏少，长江上游虽出现几次洪水过程，但经三峡水库调节，中下游干流水势平稳，未出现超警戒水位以上洪水。但部分支流出现超警戒水位、超保证水位、超历史记录的大洪水，导致局部地区发生严重的洪涝灾害，损失巨大。

（3）秋汛灾害，历史罕见。9 月，汉江上游、嘉陵江流域出现 3 次强降雨过程，四川、重庆、陕西、湖北等省（直辖市）多条河流发生超警戒水位以上洪水。其中，嘉陵江支流渠江发生超历史实测记录的大洪水；汉江上游出现近 20 年一遇的洪水过程，汉江中下游主要控制站水位超过警戒水位或保证

70

水位，杜家台分洪闸开闸分流；三峡水库发生年内最大入库洪水。受暴雨洪水影响，灾情最严重的四川省广安、巴中、达州直接经济损失达145亿元；陕西、重庆直接经济损失分别达26.15亿元和17.29亿元。

4.3 主 要 灾 害

4.3.1 四川省

6月16—17日，川南、川东、川西高原局部降大到暴雨，最大降水量出现在隆昌站151mm。受强降雨影响，大渡河支流牛日河岩润站洪峰水位为1006.30m，超过保证水位0.60m，相应流量为2000m³/s，为该站历史上最大洪水。冕宁县彝海、曹古两乡因短时局部强降雨暴发泥石流淤堵河道，造成河床改道，导致3人死亡15人失踪，境内108国道公路路基3处约180m损毁，京昆高速公路勒帕桥桥梁垮塌；冕宁县内安全饮水工程损毁，彝海乡电力、通信全部中断。甘洛县在建凉红电站进水口防洪挡墙被洪水中不明物体撞毁，致使洪水进入洞内，5名施工人员死亡、7名失踪。此次过程共造成凉山州冕宁、甘洛、越西、美姑等4县47个乡（镇）4.5万人受灾，死亡14人，失踪22人，农作物受灾面积达1.05万hm²；成昆铁路甘洛段、越西段中断，国道干线G108京昆路、省道干线S103成美路、S208乌金路沿线塌方，冲毁路基1675m、桥梁13座；部分市政设施不同程度受损；水毁堤防19.2km。共造成直接经济损失5.46亿元。

7月1—4日，暴雨洪水造成阿坝、巴中、成都、广元、绵阳、德阳等12个市（州）、60个县（市、区）302.8万人受灾，死亡12人，失踪21人，紧急转移28.26万人；损坏堤防210处（96.03km），损坏护岸148处。造成直接经济损失45.93亿元，其中水利工程水毁直接经济损失7.26亿元。7月3日凌晨，阿坝州茂县南新镇绵簇村发生泥石流灾害，致使盐化厂部分设备被冲入岷江河道，1人死亡，7人失踪；3日下午，汶川县银杏乡沙坪关村罗圈湾高家沟发生泥石流灾害，泥石流涌入岷江，造成河道部分阻塞，水流改向，冲刷路基，导致213国道中断；7月4日，强降雨造成成都大邑县山体大面积塌方、滑坡，路基、路面冲毁，桥梁坍塌、堵塞，公路受损约49.9km；7月3日12时起，成都市中心城区出现接近历史极值的单点最大降雨，造成中心城区部分道路和低洼易淹区出现积水，个别地方发生局部内涝，主城区6个下穿隧道不同程度受淹，交通一度受阻，大量停车场、地下设施进水，车辆等受损严重；7月4日，流经成都市大邑县、邛崃县的斜江河、南河、西河等河流先后暴发大洪水，造成 2 人死亡、4 人失踪，5 座铁索桥冲毁，安仁老唐场大桥 4 个桥墩冲垮，15.8km 堤防受损。

8 月 3—5 日，四川盆地东部和中部普降中到大雨，东部降大暴雨，最大降雨点以达州市万源市黄钟雨量站 179.5mm 为最大。受暴雨影响，渠江、岷江和青衣江流域多条河流相继发生洪水过程。5 日 9 时渠江干流三汇水文站出现洪峰水位 261.45m，相应流量为 20700m³/s，超保证水位 0.31m；岷江及青衣江干支流也出现超警戒水位洪水。导致四川共 17 个市（州）78 县（市）825 个乡（镇）367.59 万人受灾，转移避险 22 万人，死亡 5 人，失踪 4 人，倒塌房屋 0.44 万间；农作物受灾面积 11.058 万 hm²；公路中断 915 条次，供电中断 298 条次，通信中断 134 条次；损坏水库 12 座，损坏堤防 293 处（66.78km）。共造成直接经济损失 23.41 亿元，其中水利设施直接经济损失 4.02 亿元。

9 月 16—19 日，渠江流域普降大到特大暴雨，降雨主要集中在巴河流域，过程降雨量以巴中市南江县洛坝站 452.5mm 为最大，巴中市南江县玉堂站 396mm 次之，两站 1 天降雨量和 3 天降雨量均超当地历史记录。受强降雨影响，渠江支流巴河及渠江干流发生了 1847 年以来的最大洪水，多站出现超保证水位、超历史记录水位，为 100 年一遇超历史实测记录的最大洪水。致使德阳、广元、攀枝花、乐山、南充、广安、达州、遂宁、雅安、巴中、凉山共 11 个市（州）37 个县（市）921 个乡（镇）667.9 万人受灾，紧急转移 144.8 万人，死亡 33 人，失踪 12 人，倒塌房屋 9.6 万间；农作物受灾面积 13.45 万 hm²，成灾面积 7.12 万 hm²，绝收面积 1.89 万 hm²，减产粮食 22.3 万 t；公路中断 905 条次，供电中断 800 条次，通信中断 312 条次；损坏水库 90 座，损坏堤防 621 处（67.4km）。共造成直接经济损失 149.4 亿元，其中水利设施直接经济损失 13.1 亿元。

2011 年四川省共有 149 个县（市、区）受灾。受灾人口 1555.78 万人，紧急转移 203.69 万人，死亡 88 人，失踪 56 人，倒塌房屋 14.66 万间；农作物受灾面积 54.349 万 hm²，成灾面积 27.255 万 hm²，绝收面积 7.103 万 hm²，减产粮食 146.65 万 t；死亡大牲畜 20.39 万头，水产养殖损失 9.11 万 t；停产企业 1048 家，公路中断 3702 条次，供电中断 1654 条次，通信中断 851 条次；损坏堤防 1456 处（362.24km），损坏护岸 1363 处、水闸 172 座、机电井 15010 眼、机电泵站 266 座、水文设施 21 个。洪涝灾害直接经济损失 245.83 亿元，其中：农业直接经济损失 40.66 亿元，工业交通业直接经济损失 101.56 亿元，水利工程水毁直接经济损失 31.88 亿元。

4.3.2　云南省

7月1日至2日凌晨，香格里拉县金江镇境内突降暴雨，引发山洪泥石流灾害。导致该县金江镇兴隆村11个村民小组10795人受灾，冲毁农田450亩，农作物受灾面积1500亩；中型大沟冲毁倒塌2000m，田间小水利沟渠损坏2500m；冲走大小牲畜203头；村组公路受损2500m，冲毁桥梁4座，受损1座；淹埋兴隆村水源井1眼，冲毁人畜饮水管道3000m；冲走8辆机动车；装机容量8000kW的兴隆水电站被泥石流淹埋。直接经济损失1亿元。

7月26日至27日8时，昭通市永善、大关、彝良等县普降小到中雨，局部降暴雨，过程降水量为寿山31.3mm、吉利47.4mm、翠华56.8mm、翠华木家萤盘30.5mm、玉碗91mm、上高桥24mm。降雨导致大关、永善、彝良、镇雄等4个县9.65万人受灾，失踪1人，农作物受灾6550hm²，成灾3450hm²，绝收1440hm²；公路中断5条次，供电线路中断2条次。直接经济损失0.2038亿元。

8月14—17日，临沧市普降中到大雨，局部降暴雨、大暴雨，过程雨量各县（区）城区50～111mm，乡（镇）有30站超过100mm（最大雨量出现在凤庆烂坝河水库175mm），55站达50～99mm，其他站降雨量为40～49mm。强降雨造成临翔区、凤庆县、云县、永德县、镇康县、双江县、耿马县等7个县（区）44个乡（镇）受灾，受灾人口8.03万人，紧急转移51人，倒塌房屋135间；农作物受灾面积4000hm²，成灾面积1600hm²，绝收面积240hm²，减产粮食50.39万t；公路中断218条次；损坏堤防6处（300m）。直接经济损失2993万元，其中水利设施直接经济损失588万元。

2011年云南省长江流域内共有80个县（市、区）受灾。受灾人口459.2万人，紧急转移0.37万人，死亡20人，失踪1人，倒塌房屋0.24万间；农作物受灾面积7.673万hm²，成灾面积4.081万hm²，绝收面积1.425万hm²，减产粮食7.27万t；死亡大牲畜0.47万头，水产养殖损失0.07万t；停产企业21家，公路中断1506条次，供电中断88条次，通信中断15条次；损坏堤防140处（20.41km），损坏护岸112处、水闸15座、机电泵站4座。洪涝灾害直接经济损失11.02亿元，其中农业直接经济损失5.03亿元，工业交通业直接经济损失1.67亿元，水利工程直接经济损失2.06亿元。

4.3.3　重庆市

6月21—24日，重庆普降大到暴雨，日雨量最大的为石柱县马武站，达277.1mm。暴雨洪水造成17个区（县）295个乡（镇）197.72万人受灾，紧急转移人口 23.02 万人，因灾死亡 8 人，失踪 4 人，倒塌房屋 6430 间；农作物受灾面积 6.254 万 hm²，其中农作物绝收面积 5460hm²。直接经济总损失 11.22 亿元。其中水利设施损失严重，共损坏堤防 398 处（46.96km）、护岸 558 处、灌溉设施 3822 处、水文测站 2 个，冲毁塘坝 224 座、机电井 4 眼、机电泵站 6 座，直接经济损失达 2.7 亿元。

7 月 6 日，暴雨造成万州、丰都、开县、云阳、奉节、巫溪、彭水等 7 个区（县）66 个乡镇 25.52 万人、1.844 万 hm² 农田受灾，倒塌房屋 1130 间，因灾死亡 1 人。直接经济总损失 1.86 亿元，其中水利设施直接经济损失 0.48 亿元。

7 月 26 日，暴雨造成万州、梁平、巫山、彭水等 4 个区（县）41 个乡镇 13.58 万人、9280hm² 农田受灾，倒塌房屋 1870 间。直接经济损失 1.67 亿元，其中水利设施直接经济损失 0.28 亿元。

9 月 17—18 日嘉陵江流域上游出现强降雨，渠江发生超历史实测记录的大洪水，重庆嘉陵江流域水位自 18 日开始持续上涨。嘉陵江东津沱站（合川）20 日 14 时洪峰水位为 214.35m，超过保证水位 5.85m，涨幅达 16.06m，较 2010 年"7.17"洪峰水位高 2.15m；北碚（三）站 20 日 17 时洪峰水位为 199.31m，超过保证水位 0.31m，涨幅为 20.48m，较 2010 年"7.17"洪峰水位高 0.99m，为 1981 年以来最大洪水。洪水造成奉节、巫溪、云阳、城口、开县、万州、合川、北碚、沙坪坝、渝中、江北、铜梁、渝北、南岸、北部新区等 15 个区（县）124 个乡（镇）100.3 万人受灾，转移避险 19.76 万人，因灾死亡 3 人、失踪 1 人，倒塌房屋 3040 间；农作物受灾 1.948 万 hm²，5 个县城或场镇进水；损坏堤防 28 处（4.96km），损坏护岸 175 处，损坏小（2）型水库 1 座，冲毁塘坝 33 座，损坏灌溉设施 429 处、水文测站 3 个、机电泵站 27 座、小水电站 20 座。直接经济损失 17.29 亿元，其中水利设施直接经济损失 3.3 亿元。

2011 年重庆市共有 29 个区（县）458 万人受灾，紧急转移人口 44.2 万人，因洪灾死亡 19 人，失踪 4 人，倒塌房屋 1.69 万间；农作物受灾面积 17.232 万 hm²，绝收 1.906 万 hm²；停产工矿企业 286 个，公路中断 3246 条次，供电中断 376 条次，通信中断 246 条次；损坏小型水库 2 座，损坏堤防 887 处（62.09km）、护岸 981 处、塘坝 492 座、灌溉设施 5160 处、水文测站 24 个、机电井 45 眼、机电泵站 106 座、水电站 52 座。洪涝灾害直接经济损失 38.98 亿元，其中农业直接经济损失 9.21 亿元，工业交通业直接经济损失 6.59 亿元，水利工程直接经济损失 8.83 亿元。

4.3.4　湖北省

6月9—10日，咸宁市普降大到暴雨，赤壁、通城、崇阳等县（市）降特大暴雨，陆水支流穿通城县城关而过的隽水河上游左港站雨量为 309mm，创历史极值，超 100 年一遇，洪峰流量为 2258m^3/s，居历史记录第一位。强降雨使久旱的咸宁市旱涝急转，通城县城关一片汪洋，最深积水 2m 以上，交通、供电、电话全部中断，6 万居民被水围困。据初步统计，通城、赤壁、崇阳 3 县（市）的 58 个乡（镇）受灾，受灾人口 47.2 万人，9.8 万人被洪水围困，受灾农田 4.36 万 hm^2，倒塌房屋 4885 间，因灾死亡 19 人，失踪 5 人，直接经济损失 16.1 亿元，其中水利设施损失 5.1 亿元。

6月13—15日，鄂西南大部降暴雨，鄂西北降中到大雨局部暴雨，鄂北岗地以中雨为主，江汉平原降大到暴雨，鄂东北以大雨为主局地暴雨，鄂东南降大到暴雨。累积降雨量超过 100mm 的有巴东、监利、鄂州、大冶、英山、黄石城区、浠水、江夏等 24 个县（市、区）。累积降雨量超过 200mm 的有咸宁咸安区。累积降雨量最大的为咸宁咸安区 206mm，大冶 172mm 次之。咸宁、黄石、恩施、鄂州、十堰等 5 个市（州）12 个县（市）、58.7 万人、7.39 万 hm^2 农作物受灾，倒塌房屋 4030 间，临时转移 4.43 万人，直接经济损失 12.7 亿元，其中水利设施损失 2.08 亿元。

6月17—19日，恩施宣恩、宜昌五峰、荆州江陵、潜江、武汉城区、黄石大冶、黄冈红安、孝感云梦等 27 个县（市、区）累积降雨量大于 100mm，其中以黄冈罗田 224mm 为最大，武汉新洲区 207mm 次之，黄冈麻城 201mm 居第三。武汉、黄冈、恩施、宜昌、黄石、荆州、荆门、孝感、鄂州、天门、仙桃、潜江、神农架等 13 市（州、林区）的 44 个县（市、区）、363.5 万人、40 万 hm^2 农田受灾，倒塌房屋 0.544 万间，临时转移安置 3.33 万人，因灾死亡 9 人、失踪 1 人；工矿企业停产 51 家，公路中断 603 条次、供电中断 167 条次、通信中断 50 条次；损坏河堤 610 处（85.95km），损坏水闸 131 处、塘坝 940 座、灌溉设施 1396 处、水文测站 4 处、水电站 4 座。直接经济损失 13.7 亿元，其中水利设施损失 1.64 亿元。

6月23—25日，鄂西南降大到暴雨，鄂西北大部降大到暴雨部分地区中雨，鄂北岗地降中到大雨，江汉平原降暴雨到大暴雨，鄂东北降暴雨到大暴雨，鄂东南降大到暴雨。累积降雨量超过 100mm 小于 200mm 的有广水、南漳、远安、恩施市、五峰、潜江、武汉城区、新洲、天门等 9 个县（市、区），累积降雨量超过 200mm 的有江陵县。荆州、恩施、宜昌、荆门、孝感、潜江、仙桃、天门等 8 个市（州）的 13 个县（市、区），农作物受渍 13.9

万 hm²，倒塌房屋 144 间，紧急转移避险 3974 人，恩施利川山体滑坡死亡 1 人、伤 3 人；损坏河堤 75 处（5.97km），损坏灌溉设施 98 处。直接经济损失 3.96 亿元，其中水利设施损失 0.39 亿元。

7 月 30 日至 8 月 2 日，湖北全省普降中到大雨，局部降暴雨，兴山、建始、枝城、宣恩、鹤峰、罗田、英山等 31 个县（市）累积降雨量超过 50mm 小于 100mm。暴雨造成十堰、襄阳、恩施、宜昌等市（州）的 12 个县（市）、55 个乡（镇）、21.23 万人、3.5 万 hm² 农田受灾，倒塌房屋 191 间，转移人口 1349 人；工矿企业停产 13 家，中断公路 45 条次、供电 11 条次、通信 2 条次；损坏河堤 47 处（12.2km），损坏护岸 68 处、塘坝 82 座、灌溉设施 178 处、机电泵站 1 座。直接经济损失 1.25 亿元，其中水利设施损失 1834 万元。

8 月 22—24 日，宜昌、神农架、恩施 3 市普降大到暴雨，局部降大暴雨或特大暴雨。其中雨量最大为兴山县南阳镇 347.1mm，最大 3h 降雨量为 145.6mm，为 100 年一遇；最大 6h 降雨量为 238.7mm，达 200 年一遇；最大 24h 降雨量为 331.2mm，为 100 年一遇。受强降雨影响，香溪河兴山站洪峰流量为 1130m³/s，其中南阳河流域洪峰流量为 1050m³/s，为有历史记录以来的极值。暴雨造成兴山县、巴东县等 7 个县 27 个乡（镇）9.7 万人受灾，3 人死亡，1 人失踪，1337 间农房倒塌；农作物受灾 4100hm²，成灾 2700hm²，绝收 670hm²；造成工矿企业停产 31 个，公路中断 165 条次，供电中断 74 条次，通信中断 43 条次；损坏小型水库 5 座，损坏堤防 69 处（9.1km），冲毁塘坝 74 座，损坏灌溉设施 240 座。灾害共造成直接经济损失 3.2 亿元，其中水利设施经济损失 5890 万元。

9 月，湖北省汉江流域先后连续出现 3 次暴雨洪水过程，汉江发生了 20 年一遇的秋季洪水。造成十堰、襄阳、荆州、荆门、孝感、天门、仙桃、潜江、武汉等 9 个市的 18 个县（市、区）44.91 万人、3.675 万 hm² 农作物受灾，倒塌房屋 2580 间；停产工矿企业 84 个，中断公路 51 条次、供电 29 条次、通信 13 条次；损坏堤防 67 处（17.83km），损坏护岸 137 处、水闸 116 座、灌溉设施 94 处、水文测站 4 个、机电井 48 眼、机电泵站 23 座。直接经济损失 4.98 亿元，其中水利设施损失 1.43 亿元。

2011 年湖北省共有 84 个县（市、区）、990.46 万人受灾，紧急转移 36.3 万人，死亡 43 人，失踪 20 人，倒塌房屋 2.78 万间；农作物受灾 87.344 万 hm²，成灾 25.205 万 hm²，绝收 6.447 万 hm²，减产粮食 68.18 万 t；死亡大牲畜 0.37 万头，水产养殖损失 906.71 万 t；停产企业 207 家，公路中断 760 条次，供电中断 714 条次，通信中断 225 条次；损坏堤防 1597 处（291.6km），损坏护岸 1868 处、水闸 341 座、机电井 142 眼、机电泵站 319

座、水文设施 8 个。洪涝灾害直接经济损失 84.22 亿元，其中农业直接经济损失 27.63 亿元，工业交通业直接经济损失 10.19 亿元，水利工程水毁直接经济损失 15.56 亿元。

4.3.5 湖南省

6 月 3—7 日，暴雨洪水导致湖南省湘西土家族苗族自治州、怀化、娄底、张家界、益阳等 5 个市（州）24 个县（市、区）230 个乡（镇）的 152.7 万人受灾，紧急转移 3.89 万人，倒塌房屋 0.17 万间；农作物受灾面积 5.832 万 hm²，成灾面积 2.621 万 hm²，绝收面积 3030hm²，减产粮食 3.75 万 t；死亡大牲畜 0.241 万头，水产养殖损失 1700t（505hm²）；停产工矿企业 106 家，公路中断 176 条次，供电中断 151 条次，通信中断 170 条次；损坏堤防 140 处（14.42km），损坏护岸 542 处，损坏水闸 4 座，冲毁塘坝 493 座，损坏灌溉设施 381 处、机电井 8 眼、机电泵站 46 座、水文测站 8 个、水电站 4 座。直接经济损失 7.39 亿元，其中农业经济损失 3.92 亿元，工业交通业经济损失 0.79 亿元，水利设施经济损失 1.54 亿元。

6 月 9—16 日，湖南全省共有 14 个市（州）79 个县（市、区）1029 个乡（镇）、600 万人受灾，紧急转移 30.2 万人，因灾死亡 47 人，失踪 16 人，倒塌房屋 2.7 万间。直接经济损失 43.48 亿元。其中农作物受灾面积 32.838 万 hm²，成灾 14.753 万 hm²，绝收 4.492 万 hm²，减产粮食 18.79 万 t；死亡大牲畜 1.97 万头，水产养殖损失 16.726 万 t（1.375 万 hm²）；农业经济损失 15.06 亿元。停产工矿企业 218 家，铁路中断 1 条次，公路中断 1542 条次，供电中断 491 条次，通信中断 1061 条次，工业交通业直接经济损失 6.03 亿元。岳阳市岳阳县的廖段水库［小（2）型］和车洞水库［小（2）型］、临湘市的栗坑水库［小（2）型］漫溃，临湘市青坑水库［小（2）型］和大塘水库［小（1）型］、益阳市安化县的摇古冲水库［小（2）型］发生重大险情，损坏水库共 73 座、堤防 537 处（123.22km）、护岸 2025 处、水闸 359 座、灌溉设施 9142 处、机电井 571 眼、机电泵站 258 座、水文测站 14 个、水电站 40 座，冲毁塘坝 5285 座，水利设施直接经济损失 11.2 亿元。

6 月 17—19 日，湖南全省共有常德、张家界、怀化、岳阳、益阳、娄底、湘西 7 个市（州）26 个县（市、区）315 个乡（镇）158.77 万人受灾，紧急转移 4.46 万人，倒塌房屋 1972 间，直接经济损失 6.28 亿元。农作物受灾面积 11.6 万 hm²，其中成灾 5.244 万 hm²，绝收 8080hm²，减产粮食 12.38 万 t，死亡大牲畜 560 头，水产养殖损失 4.08 万 t，农林牧渔业直接经济损失 2.67 亿元；停产工矿企业 176 个，公路中断 282 条次，供电中断 68 条次，通信中断 24 条次，工业交通运输业直接经济损失 0.44 亿元；2 座水库［石门县工农水库，小（1）型；中和水库，小（2）型］发生重大险情，损坏堤防 377 处（14.34km），损坏护岸 584 处、水闸 51 座、灌溉设施 1483 处、水文测站 2 个、机电井 32 眼、机电泵站 70 座、水电站 8 座，冲毁塘坝 381 座，临湘市云山水电站发生重大险情，水利设施直接经济损失 0.94 亿元。

2011 年湖南省共有 83 个县（市、区）受灾。受灾人口 844.59 万人，紧急转移 38.57 万人，死亡 52 人，失踪 16 人，倒塌房屋 3.07 万间；农作物受灾面积 50.271 万 hm^2，成灾 22.618 万 hm^2，绝收 5.603 万 hm^2，减产粮食 34.92 万 t；死亡大牲畜 2.266 万头，水产养殖损失 20.97 万 t；停产企业 500 家，公路中断 2000 条次，供电中断 710 条次，通信中断 5136 条次；损坏堤防 1054 处（151.98km），损坏护岸 3151 处、水闸 414 座、机电井 611 眼、机电泵站 374 座、水文设施 24 个。洪涝灾害直接经济损失 57.15 亿元，其中农业直接经济损失 21.65 亿元，工业交通业直接经济损失 7.26 亿元，水利工程水毁直接经济损失 13.69 亿元。

4.3.6　江西省

2011 年 6 月，江西省旱涝急转，3—6 日、9—10 日、12—15 日以及 18—19 日接连出现 4 场强降雨过程，全省平均降雨量为 310mm，为历史同期第二位，是常年同期降雨量的 1.9 倍。全省共有 63 个县降雨量超过 300mm，22 个县超过 500mm，累积最大降雨量为婺源县鄣山站 949mm，玉山县五色潭站 927mm 次之。强降雨导致修河上游渣津站洪峰水位超过警戒水位 1.67m，为 1999 年以来最高水位；乐安河出现超历史记录的大洪水，15 日 22 时，乐安河香屯站洪峰水位超过警戒水位 5.56m，比 1957 年建站以来最高水位高 0.45m，为有记录以来第一位；16 日 10 时 30 分，虎山站洪峰水位超过警戒水位 5.18m，比 1953 年有记录以来最高水位高 0.45m。强降雨致使局地山洪暴发、山体滑坡，农田被淹，房屋倒塌，遭受严重洪涝灾害。江西全省除赣州市外，其他 10 个设区市、73 个县（市、区）受灾。受灾人口 530.93 万人，被洪水围困 8.68 万人，紧急转移 35.03 万人，倒塌房屋 1.13 万间；农作物受灾面积 42.413 万 hm^2，成灾 22.522 万 hm^2，绝收 3.885 万 hm^2，减产粮食 525.48 万 t；水产养殖损失 7.62 万 t；停产企业 923 家，公路中断 1994 条次，供电中断 960 条次，通信中断 1122 条次；损坏堤防 992 处（393.28km），损坏护岸 5353 处、水闸 1615 座、机电井 427 眼、机电泵站 489 座、水文设施 5 个。洪涝灾害直接经济损失 89.36 亿元，其中农业直接经济损失 25.37 亿元，工业交通业直接经济损失 14.52 亿元，水利工程水毁直接经济损失 18.10

亿元。

2011年江西省共有83个县（市、区）受灾。受灾人口553.39万人，被水围困8.68万人，紧急转移46.3万人，死亡7人，倒塌房屋1.16万间；农作物受灾面积43.595万 hm²，成灾23.45万 hm²，绝收4.175万 hm²，减产粮食538.98万 t；水产养殖损失7.86万 t；停产企业925家，公路中断2068条次，供电中断971条次，通信中断1122条次；损坏堤防1034处（395.91km），损坏护岸5503处、水闸1658座、机电井518眼、机电泵站528座、水文设施5个。洪涝灾害直接经济损失91.39亿元，其中农业直接经济损失26.27亿元，工业交通业直接经济损失14.61亿元，水利工程水毁直接经济损失18.56亿元。

4.3.7 安徽省

2011年6月，安徽省淮河以南出现5次降雨过程，致使长江以南地区旱涝急转，皖南山区发生严重洪涝灾害，淮北降雨持续偏少。安徽全省一度出现南洪北旱、旱涝交织的局面。累积平均降雨量皖南山区为779mm，江南沿江地区为463mm。与常年同期比较，皖南山区偏多2.6倍，江南沿江地区偏多1.9倍，均居历史同期第一位。强降雨致使安徽省江南地区县市受灾较重，芜湖、铜陵、安庆、黄山、池州、宣城等6个市33个县（市）、264.88万人受灾，宁国市由于山体滑坡死亡2人，农作物受灾面积15.507万 hm²，成灾9.45万 hm²，绝收8000hm²。部分水利设施受损，其中：损坏堤防336处（34.98km），损坏护岸1192处，冲毁塘坝1430座，损坏灌溉设施2059处，损坏闸站91座。因灾造成直接经济总损失19.72亿元，其中水利设施直接经济损失3.75亿元。

2011年安徽省长江流域共有42个县（市、区）、392.22万人受灾，死亡4人，紧急转移12.11万人，倒塌房屋0.78万间；农作物受灾面积22.882万 hm²，成灾9.346万 hm²，绝收1.774万 hm²，减产粮食6.82万 t；死亡大牲畜8万头，水产养殖损失27.4万 t；停产企业151家，公路中断132条次，供电中断27条次，通信中断29条次；损坏堤防486处（88.21km），损坏护岸1263处、水闸96座、机电井4眼。洪涝灾害直接经济损失26.24亿元，其中农业直接经济损失13.05亿元，工业交通业直接经济损失2.94亿元，水利工程水毁直接经济损失4.15亿元。

4.3.8 江苏省

2011年第9号台风"梅花"于8月6日上午9时左右开始影响江苏省南

通启东。9 时台风中心位置在南通启东东南方大约 670km 的洋面上，中心气压 950hPa，近中心最大风力 14 级，江苏东部地区 8～10 级，阵风 11～12 级；其他地区 7～8 级，阵风 9～10 级；近海海面 10～11 级，阵风 12～13 级。7日中午开始影响盐城境内，大丰、东台降水量中等，局部降大雨，沿海风力 6～8 级，阵风 9～10 级。受台风影响，江苏省南通、盐城两市有通州区、海安县、如东县、启东市、如皋市、大丰市等 6 个县（市、区）受灾；紧急转移海面、江面作业人员及危房居民 7.87 万人，回港避风船只 1.1 万条，倒塌房屋 0.01 万间；农作物受灾面积 6.25 万 hm²；果林损失 5.4 万棵；损坏堤防 6 处（0.56km），损坏护岸 2 处。台风造成直接经济损失 7.257 亿元。

2011 年江苏省长江流域内共有 14 个县（市、区）受灾。受灾人口 97.4万人，紧急转移 2.8 万人，倒塌房屋 0.03 万间；农作物受灾面积 13.843万 hm²，成灾 2.429 万 hm²，绝收 7120hm²，减产粮食 16.28 万 t；水产养殖损失 8800t；停产企业 39 家，公路中断 14 条次，供电中断 5 条次，通信中断 1条次；损坏护岸 29 处、水闸 2 座、机电泵站 12 座。洪涝灾害直接经济损失 15.61 亿元，其中农业直接经济损失 15 亿元，工业交通业直接经济损失 0.13亿元，水利工程水毁直接经济损失 0.38 亿元。

4.3.9 贵州省

6 月 22—23 日，贵州省西部、西北部等地出现强降水过程，毕节市降大暴雨，桐梓、威宁、仁怀、赫章、纳雍、大方等 6 个县（市、区）降暴雨。织金县三塘镇降雨量为 223mm，41 个乡（镇）降大暴雨，188 个乡（镇）降暴雨。受强降水影响，有 7 个市（州、地）20 个县（市、区）122 个乡（镇）69.58 万人受灾，9 人死亡，1 人失踪，倒塌房屋 600 间，农作物受灾 3.17 万hm²，灾害直接经济损失 1.87 亿元。其中毕节地区毕节市八寨坪镇冷水河村山洪暴发受淹，最大水深 1m，紧急转移 820 余人；遵义市仁怀市倒塌房屋 18间，损坏房屋 549 间，紧急转移 173 人。

9 月 17—18 日，贵州省东北部部分县出现强降雨天气，江口县降暴雨，江口、松桃、印江部分乡（镇）降特大暴雨和暴雨，江口县梵净山降雨量为251.1mm，松桃县石梁乡降雨量为 224.1mm，另有 5 个乡（镇）降大暴雨，7个乡（镇）降暴雨。受强降雨影响，印江县印江河发生超过警戒水位 0.80m的洪水，江口县、松桃县及印江县有 12.21 万人受灾，倒塌房屋 210 间，公路中断 8 条次，供电中断 44 条次，通信中断 56 条次；农作物受灾面积4445hm²，成灾 2969hm²，绝收 902hm²；损坏堤防 6.76km、灌溉设施 295处。造成直接经济损失 2.51 亿元，其中水利设施直接经济损失 0.1187 亿元。

2011年贵州省长江流域内共有48个县（市、区）受灾。受灾人口134.94万人，紧急转移7.06万人，死亡11人，失踪1人，倒塌房屋0.29万间；农作物受灾面积7.871万hm²，成灾4.823万hm²，绝收6950hm²，减产粮食6.43万t；死亡大牲畜126万头，水产养殖损失5.15万t；停产企业57家，公路中断257条次，供电中断121条次，通信中断85条次；损坏堤防206处（38.92km），损坏护岸56处、水闸2座、机电井2眼、机电泵站4座、水文设施4个。洪涝灾害直接经济损失9.42亿元，其中农业直接经济损失3.77亿元，工业交通业直接经济损失1.92亿元，水利工程水毁直接经济损失1.22亿元。

4.3.10 陕西省

7月4—7日，陕西西南部降中到大雨，局地降大暴雨，西乡、南郑出现超过200mm的特大暴雨。受强降雨过程影响，7月6日7时汉江支流冷水河三华石站出现流量836m³/s的超保证水位洪峰，汉江干流安康水库出现入汛以来最大入库流量13130m³/s的洪水，子午河两河口站出现洪峰流量1600m³/s的超警戒水位洪水。暴雨洪水造成汉中、安康、商洛等3个市、14个县（市、区）、203个乡（镇）、34.47万人受灾，紧急转移4.58万人，倒塌房屋5081间；农作物受灾面积1.765万hm²，成灾1.203万hm²，绝收2390hm²，减产粮食2.74万t；死亡大牲畜10头，水产养殖损失1060t；停产企业35家，公路中断115条次，供电中断73条次，通信中断32条次；损坏堤防206处（74.15km），损坏护岸25处、水闸6座、机电井3眼、水文设施7个。洪涝灾害直接经济损失11.58亿元。其中7月5日发生在汉中市略阳县的强降雨，造成略阳县城金亚路发生山体滑坡，造成12间房屋被毁，18人死亡。

9月，陕西省接连出现3次大范围强降雨过程，历时长达半月，历史罕见。汉江干支流相继涨水，汉江出现入汛以来最大洪水过程，安康水库最大入库流量为19000m³/s，汉江白河站出现流量为20500m³/s的超警戒水位洪峰。暴雨洪水造成陕西省长江流域汉中、安康、商洛等3个市（区）21个县（区）447个乡（镇）受灾，受灾人口92.6万人，被水围困人数0.38万人，紧急转移5.73万人，倒塌房屋0.95万间；停产企业35家，供电中断121条次，通信中断76条次；损坏堤防1142处，损坏护岸539处、坏水闸18座、机电井118眼、机电泵站128座、水文设施13个。洪涝灾害直接经济损失21.22亿元，其中农业直接经济损失4.78亿元，工业交通业直接经济损失8.46亿元，水利工程水毁直接经济损失6.98亿元。

2011 年陕西省长江流域内共有 22 个县（市、区）受灾。受灾人口 104.91 万人，紧急转移 7.07 万人，倒塌房屋 1.9 万间；停产企业 78 家，供电中断 161 条次，通信中断 139 条次；损坏堤防 1394 处（188.4km），损坏护岸 126 处、水闸 24 座、机电井 159 眼、机电泵站 128 座、水文设施 21 个。洪涝灾害直接经济损失 26.05 亿元，其中农业直接经济损失 6.96 亿元，工业交通业直接经济损失 8.51 亿元，水利工程水毁直接经济损失 9.31 亿元。

第5章

旱 情 及 抗 旱

5.1 旱 情 及 旱 灾

5.1.1 旱情特点

2011 年长江流域上游云南、贵州、四川、重庆和中下游湖北、湖南、江西、安徽、江苏等地发生了较为严重的旱灾，特别是 2011 年 1 月至 6 月初的长江中下游春夏连旱和 2011 年 5 月至 10 月上旬的西南地区伏秋旱最为严重，损失较大。长江流域干旱具有以下特点：

（1）降雨大范围持续偏少。受赤道东中部太平洋拉尼娜现象影响，2011 年大气环流系统异常显著，南方热带系统偏弱偏东，北方冷空气活动势力强大，流域水汽输送通道未能有效建立，造成长江流域 1—5 月累积降雨量仅 233.6mm，较历史同期均值偏少 33.6%，其中长江中下游地区累积降雨量为 300.1mm，较历史同期均值偏少 43.1%，为新中国成立以来最少。湖北、湖南、江西等 5 个省发生严重的持续干旱。特别是 4 月，汉江流域累积降雨量为 20.6mm，较历史同期均值偏少 63.7%，鄂西北、鄂东北等地同比偏少 6～9 成；湖南省与多年同期均值相比，降雨量偏少 5 成，实为历史罕见。7 月以后，西南地区出现持续高温少雨天气，贵州、重庆两省（直辖市）降雨量较常年同期偏少 5～7 成。四川省 8 月全省平均降水量仅 92.4mm，较多年同期均值偏少 4 成，居历史第三低位。

（2）主要江河控制站水位明显偏低。受降雨严重偏少影响，2011 年 1—5 月，长江中下游干流及"两湖"水系大多数控制站各月平均水位较多年均值偏低 3.00～5.00m。特别是 4 月下旬，汉口站以下江段水位接近历史同期最低，荆南四河水位低于历史同期 1.00m 左右；洞庭湖城陵矶站出现历史同期第二低水位，澧水中下游河道水位长时间接近历史最低值。汉口站、湖口站 5 月平均水位较历史干旱年份 1979 年、1986 年、2007 年均偏低很多，其中汉口站偏低 1.50～2.30m，湖口站偏低 1.40～3.00m。持续的低水位导致沿江滨湖地区涵闸自引灌溉困难，部分地区需建临时设施、架设机泵提水抗旱。

（3）湖库蓄水严重不足。5 月底，湖北省有 400 余座小型水库、21 万余口塘堰干涸，近 1000 条山沟河溪断流，1555 座水库水位跌至死水位以下；全省湖库有效蓄水量仅 100 亿 m³ 左右，比多年同期平均蓄水量少 4 成以上，特别是丹江口水库水位跌至死水位以下 4.00m 左右，最低达建库以来第四低水位；洪湖、长湖、斧头湖、梁子湖等主要湖泊蓄水比历史同期少 7～9 成，见图 5.1-1。湖南省 198 万处以灌溉为主的蓄水工程共蓄水 83 亿 m³，仅占应蓄水量的 41%。安徽、湖南、江西 3 个省水利工程蓄水量分别较多年同期平均减少 50%、30% 和 20%。汛期，西南地区贵州、云南、四川、重庆等旱区主要江河来水较多年同期平均偏少 2～8 成，水利工程蓄水偏少 2～4 成，部分水库、山塘干涸，抗旱水源短缺问题突出。

图 5.1-1 湖北省长湖蓄水量比历史同期少 9 成

（4）人畜饮水困难突出。由于降水少、江河湖库水位低，城乡居民饮水受到影响。据统计，5 月底，湖北、湖南、江西、安徽 4 个省因旱造成 323 万人、95 万头大牲畜饮水困难。如湖南省慈利县东岳观部分村水源基本枯竭，1300 名中小学生和 1500 名村民生活用水需从 1～5km 外运水；华容县县城，自 5 月 4 日开始利用大型挖泥船从长江提水，勉强维持 12 万人的生活供水，见图 5.1-2。湖北竹溪县城 12 万人饮水只能靠抽取竹溪河水库死水位以下的库容勉强满足最基本的生活需求。高峰时贵州、云南、四川等西南地区共计有 1405 万人发生饮水困难，部分旱区群众需要靠远距离拉水、送水解决饮水问题。

图 5.1-2 湖南省岳阳市华容县用挖泥船抽长江水确保县城供水安全

（5）旱情发展迅速。西南部分地区 7 月上旬旱情露头，8 月初开始持续高温少雨，耕地受旱面积由 25.8 万 hm² 迅速发展到 8 月下旬的 358.6 万 hm²，猛增近 332.8 万 hm²，9 月上旬高峰时达 367.3 万 hm²。

（6）长江中下游地区农业旱情严重。持续低水位对长江中下游地区的早稻栽插和中稻育秧泡田用水也造成严重影响，农业旱情严重，受灾损失大。据初步统计，高峰期间，湖北、湖南、江西、安徽 4 个省农田受旱面积达 319.6 万 hm²，其中重旱 33.4 万 hm²。仅湖北省的农田受旱面积就达 124.7 万 hm²，其中重旱 8.7 万 hm²。

（7）汛期洪旱并发。进入 6 月后，长江流域出现了较为频繁的强降雨过程，流域内湖南、江西、江苏全部和湖北、安徽大部地区旱情解除，特别是湖南、湖北、江西和安徽部分地区，发生了较为严重的山洪灾害；与此同时，湖北的鄂西北、江汉平原西部的十堰、襄阳、随州、荆门和安徽的合肥、滁州等部分地区仍有不同程度旱情。据统计，截至 6 月中旬，湖北、安徽两省受旱农田面积 34.5 万 hm²，其中重旱 7.5 万 hm²；有 55.7 万人、19.2 万头大牲畜饮水困难（人畜饮水困难发生在湖北），呈现洪旱并存态势。

5.1.2　主要干旱过程

5.1.2.1　长江中下游春夏连旱

2011 年 1—5 月，长江中下游湖北、湖南、江西、安徽、江苏 5 个省累计降雨量比多年同期平均偏少5成以上，为近60年来同期最少。4—5月长江干流部分河段及湖南湘江、资水、沅江和江西赣江、抚河、信江、修河等主要河流均出现了历史同期最低水位。6月初，5个省水利工程有效蓄水量比历史同期均值偏少近5成，鄱阳湖、洞庭湖、洪湖的水域面积比历史同期均值分别偏少85%、24%、31%。

受降水持续偏少、江河来水偏枯及湖库蓄水减少影响，4月以后长江中下游旱情露头，5月蔓延至湖北全省、湖南和江西两省中北部、安徽和江苏两省中南部等地区。旱情高峰时，上述5个省耕地受旱面积达379.7万 hm^2，因旱饮水困难383万人。部分山丘区群众只能通过拉水、送水等应急措施解决生活用水。湖北洪湖周边2533人因饮水困难被迫临时动迁，十堰近百个集镇被迫分时段供水。湖南157个集镇不能正常供水，有些集镇甚至中断供水。旱情不仅威胁到粮食生产和人畜饮水，还影响到河湖生态、水产养殖、航运等诸多方面。

6月3日以后，长江中下游地区旱涝急转，江西、湖南、安徽3个省旱情相继解除，湖北、江苏除局部地区外，大部分旱区旱情解除。

5.1.2.2　西南地区伏秋旱

2011年5月至10月上旬，我国西南大部降水持续偏少，部分地区降水量较多年同期平均偏少5成以上，云南汛期平均降水比多年同期平均偏少23%，为有记录以来同期最少。同时，气温持续偏高，贵州东部、南部及赤水河谷地区持续出现35℃以上高温天气，部分县（市、区）最高气温突破当地历史记录，云南6—8月日平均气温比多年同期平均偏高1℃。受持续高温少雨影响，西南主要江河来水较多年同期平均偏少2～8成，水利工程蓄水偏少2～4成，有1500多座小型水库干涸。贵州江河来水较多年同期平均偏少5～9成，贵州全省有498条溪河断流，619座小型水库干涸。

7月，西南地区旱情开始露头并迅速蔓延。9月上中旬旱情高峰时，贵州、云南、四川、重庆、广西5个省（自治区、直辖市）耕地受旱面积达341.2万 hm^2，有1405万人、682万头大牲畜因旱饮水困难，分别占全国同期的54.7%、89.0%、69.9%。贵州88个县（市、区）农作物均不同程度受旱，20个县城、276个乡镇先后出现临时供水紧张，最严重时有747万人、269万头大牲畜因旱饮水困难。云南旱情严重时有9个州（市）的337万人、169万头大牲畜因旱饮水困难。

9月中下旬以后，西南地区连续出现有效降水过程，农业旱情逐步解除，但部分地区因旱人畜饮水困难仍然持续。

5.1.3　旱灾

根据贵州、四川、重庆、湖北、湖南、江西、安徽、江苏等省（直辖市）

防汛抗旱办公室上报的资料统计，长江流域农作物受旱面积 819.981 万 hm^2，农作物受灾面积 531.173 万 hm^2，粮食损失 852.72 万 t，经济作物损失 88.75 亿元。

5.2 抗 旱 及 成 效

5.2.1 长江防总抗旱情况

面对长江中下游和西南地区严重旱情，长江防总高度重视，积极应对，精心谋划，统筹兼顾，在国家防总的领导下，有力、有序、有效地开展各项工作，为确保城乡供水安全、最大限度地减少旱灾损失发挥了重要作用。

（1）加强值守，强化预报。长江防总密切监视水雨情的变化，高度关注旱情灾情的发展。2 月 21 日，长江防总办公室主任、长江委副主任魏山忠主持召开了抗旱会商会，研究分析了长江流域水雨情和湘江、赣江低枯水位有关情况，分析研判当前旱情形势，安排部署抗旱工作。从 4 月开始，及时启动抗旱应急值班，24h 跟踪掌握旱情动态，为应对流域旱情积极做好信息和技术等各方面的准备。9 月初，长江上游部分地区旱情迅速发展，贵州、云南、重庆 3 个省（直辖市）干旱程度达到中度以上，长江防总于 9 月 9 日 11 时起，启动抗旱Ⅲ级应急响应，要求长江防总成员单位按照职责和有关规定做好应对工作。

（2）加强指导，合力抗灾。在抗旱最关键时刻，长江防总于 5 月上中旬及时派遣 3 个工作组赶赴湖北、湖南、江西、安徽等重旱区一线，协助指导地方抗旱救灾工作，为地方抗旱救灾提供了有力的技术指导和支持。

（3）加强会商，精细调度。长江防总办公室及时组织抗旱会商，从 4 月开始共组织会商 10 余次，尤其是在充分考虑上、下游来水和各方需求的基础上，加强了对三峡、丹江口水库的抗旱应急补水调度，有效抬高了河道水位，保障了沿线地区抗旱水源和人畜饮水安全，为实现国家粮食安全创造了有利条件，发挥了显著的抗旱补水效益。

一是通过调度三峡水库对长江中下游进行补水。1 月以来，三峡水库水位从 174.64m 持续消落，长江防总调度三峡水库共向下游补水约 212 亿 m^3，最大补水流量约 3500m^3/s。尤其是 5 月以来，为了应对长江中下游持续干旱，支持中下游沿江地区抗旱引水，长江防总先后 4 次加大三峡水库下泄流量，向下游补水 76.7 亿 m^3。因三峡水库补水，长江中下游干流各站水位均有不同程度的抬升，据测算，4 月、5 月抬高荆江河段水位 0.90～1.20m，抬高长江中游干流水位 0.70～1.00m，抬高长江下游干流水位 0.60～0.90m。补水不仅解决了因水位下降而导致的部分移动泵站设置困难，而且降低了沿江城镇应急取水泵站和电灌站的扬程，有效提高了取提水效率。同时，提高了航运船舶装载率，中游河段航运运输成本下降约 10％，初步遏制了水位下降对中下游河道、湖泊等生态环境的不利影响，取得了较好的供水、灌溉、航运和环境等综合效益。

二是通过加大丹江口水库下泄流量为汉江中下游补水。为缓解汉江中下游湖北省特大旱情，为南水北调丹江口水源大坝工程裂缝处理创造条件，长江防总在丹江口水库上游来水不理想的情况下，自 4 月以来多次调度水库加大下泄流量，最大限度满足湖北用水需求，一度使丹江口水库水位降至死水位 139.00m 以下 4.00m 多，最低达到 134.68m。2011 年度丹江口水库共向下游补水 58 亿 m³。5 月 26 日，汉江下游分流河道东荆河面临断流威胁，长江防总于 27 日 23 时调度丹江口水库将下泄流量从 500m³/s 加大至 800m³/s，抬高汉江中下游干流水位 0.50m 左右，确保了东荆河沿线近 30 万人饮水安全和 10 万 hm² 耕地用水需求，同时也使汉江中下游干流沿线中稻抢插得以顺利进行。

据初步分析，如果没有三峡和丹江口水库及相关水利工程补水，长江中下游干流城陵矶站和汉口站 5 月最低水位将接近历史同期最低，湖口站和大通站将低于历史同期最低水位 1.50～1.00m，沿江居民饮水和灌溉用水将更为困难，抗旱形势将更为严峻。

5.2.2 有关省（直辖市）抗旱情况

长江流域有关省（直辖市）各级党委和政府高度重视抗旱工作，将抗大旱作为重要工作进行部署，科学调度水资源，采取积极有效的应对措施，确保了城乡供水安全，努力减少了旱害损失。

（1）领导高度重视，积极安排部署。旱情刚一露头，湖北省委、省政府就下发紧急通知，召开专题会议，安排部署抗旱工作。李鸿忠书记、王国生省长多次对抗旱保春播作出重要批示，要求各市、州党政主要负责同志集中精力抓抗旱，无关的会议一律不开，无关的活动一律暂停。湖北省委、省政府主要领导多次率工作组赴重旱区检查指导抗旱工作。湖北省发展和改革委员会、财政厅、水利厅等部门派出 30 多个工作组，全省"万名干部进万村入万户"的工作队全部转为抗旱工作队，协助指导旱区开展抗旱工作。湖南省在入汛召开的全省防汛抗旱工作会上，制订了"遇中等程度干旱，城乡生活、工农业生产和生态环境用水不遭受大的影响；发生严重干旱时，城乡生活用水基本有保障，工农业生产损失降到最低程度"的抗旱总目标，湖南省防汛抗旱指挥部下发紧急通知，多次召开会商会，对抗旱工作进行部署，并派出工作组赴旱区，协助做好抗旱工作。四川省政府先后派出 47 个工作组前往重旱区调查了解灾情，指导各地开展抗旱减灾工作。

（2）主动应对，及时启动应急响应。随着旱情的发展，湖北省防指于 5 月 11 日启动了抗旱Ⅲ级应急响应，这是湖北省实行抗旱预案制度以来首次启动抗旱应急响应。湖南省 17 个市（州）全部启动了抗旱Ⅲ级应急响应，有力推动了抗旱减灾工作的全面展开；湖北全省高峰时参加抗旱的干部群众达341.7 万人，各级累计投入抗旱资金 23.6 亿元，其中省财政投入或调度抗旱资金 2.1 亿元，投入设备 8.1 万台（套），临时架设泵站 4.7 万处，掘井 4210眼，累计用电 3.6 亿 kW·h、用油 1.7 万 t，形成了持续抗旱高潮。湖南省岳阳市 4 月 14 日、5 月 16 日两次启动了抗旱Ⅲ级应急响应；华容县继 4 月中旬启动抗旱Ⅲ级应急响应后，5 月 16 日又将抗旱应急响应提高到Ⅱ级，同时还启用了县城封闭多年的水井，实行临时供水；岳阳、益阳、郴州、张家界等部分市县也启动了应急响应机制，湖南全省出动 80 万人次，启动 2.6 万台（套）抗旱机械、2473 眼机电井、287 处泵站，投入应急抗旱资金 2.3 亿元。四川省防汛抗旱指挥部于 9 月 8 日下午紧急启动了川南片区抗旱Ⅱ级应急响应，泸州、宜宾市也适时启动了抗旱Ⅱ级应急响应。旱区各省（直辖市）主动应对，为保人畜饮水、春播生产、粮食增收奠定了坚实基础。

（3）科学调度，优化水源配置。旱区各级水利和防汛抗旱部门精心测算水量，兼顾各方面需求，加强水利工程设施的调度，优化配置抗旱水源。湖南省自 2010 年冬调度东江等大型水库为湘江下游补水，补水量 8 亿余立方米；铁山水库管理局从 5 月 14 日起开启铁山水库闸门放水 1000 万 m^3，确保了岳阳、汨罗等地 2.7 万 hm^2 农田的灌溉；华容县租赁大型挖泥船从长江每天提水 8 万 m^3 入华容河，以解决县城 12 万人的饮水困难；慈利县景龙桥乡政府购买送水专车，为偏远山区群众送水。通过优化水源配置，湖南全省解决了23 万人的临时饮水困难，抗旱浇灌面积 17.2 万 hm^2。湖北省各级防汛抗旱指挥部强化水源管理，努力做到优化配水调水，力保水资源效益最大化。一是抢引过境客水补水。沿江滨湖地区开启骨干涵闸 390 座引水补水 20.3 亿 m^3，其中利用三峡水库补水保春灌的良机，累计抢引水量约 8.2 亿 m^3；汉江沿岸通过主要骨干涵闸自引和泵站提引 5.1 亿 m^3。二是启动泵站提水抗旱。湖北省固定泵站开机 1.39 万处，提水 26.4 亿 m^3。三是调度水库放水抗旱。高峰时有近千座水库昼夜放水，共计提供抗旱用水 22.5 亿 m^3。四是应急疏挖保引水。针对汉江下游东荆河断流的严重威胁，启动东荆河河口拦门沙等卡口疏挖工程，使引水量由 $5m^3/s$ 增至 $16m^3/s$，有效缓解了东荆河两岸约 10 万 hm^2 农田、25 万人的用水压力；面对长湖濒临干涸的形势，通过调度漳河水库放水、万城闸架泵提水，开启新城船闸引汉江之水，共计补水 0.5 亿 m^3，有效维系了生态安全。湖北省在持续抗旱救灾过程中，通过涵闸引水、泵站提水、水库放水、掘井取水，累计提供抗旱用水 85.6 亿 m^3，有效遏制了干旱蔓延态势。安徽省驷马山管理处 3 月以来陆续开启乌江抽水站和滁河一级、二级、三级泵站，累计抗旱提水 1.2 亿 m^3。

（4）全力抢播、抢种、改种、抢收，减轻农业损失。旱区各省（直辖市）为实现农业丰收、粮食增产的抗旱目标，积极开展抢播抢种和改种抢收活动。湖北省完成栽插早稻 33.33 万 hm^2，中稻育秧面积 15.4 万 hm^2，早稻、中稻改种面积 4.33 万 hm^2，收割油菜 106.7 万 hm^2。湖南省也加大了抢播抢种力度，为粮食生产丰收创造了条件。

（5）部门积极配合，全力抗旱。旱区各省（直辖市）水文、气象、水利、农业、电力、石油等部门按省（直辖市）委、省（直辖市）政府分工要求，积极配合，确保了抗旱工作的顺利进行。水文部门加强河道水位、流量的观测，并实时上网发布相关信息。气象部门加强了对天气形势的预测预报，及时发布有关天气信息，并适时进行人工增雨作业。水利部门组织各级抗旱服务队，携带机具设备深入一线指导抗旱。农业部门实行春播日报制度，加强分类指导。电力、石油部门保证抗旱春播、双抢用电和用油供应。各级部门密切配合，通力协作，确保了抗旱工作的顺利进行。

5.2.3 抗旱成效

根据贵州、四川、重庆、湖北、湖南、江西、江苏等省（直辖市）防汛抗旱办公室上报的资料统计，共投入抗旱人力 1683.49 万人、机电井 107.48 万眼、泵站 5.11 万处、机动抗旱设备 205.31 万台（套）（装机容量 716.14 万 kW）、机动运水车 35.93 万辆，投入抗旱资金 54.98 亿元，其中中央拨款 9.13 亿元，省级财政拨款 3.27 亿元，市县级财政拨款 11.72 亿元，群众自筹 30.86 亿元，抗旱用电 8.95 亿 kW·h，抗旱用油 5.14 亿 t。

2011 年长江流域抗旱效益显著。据不完全统计，长江流域抗旱浇灌面积约 800 万 hm^2，解决了 1444.97 万人、672.51 万头大牲畜的临时饮水困难，减少粮食损失 1636.81 万 t，减少经济作物损失 137.35 亿元。

第 6 章

组 织 与 协 调

2011年长江流域气候异常，干旱、洪涝阶段性特征明显，出现了旱涝急转的局面。年初，云南盈江发生地震灾害，给当地水利设施造成了严重破坏。春夏之交长江中下游发生罕见干旱，6月中下游部分支流却出现异常汛情，7—8月长江干流又出现历史罕见低水位，伏秋西南5省持续严重干旱，9月嘉陵江、汉江发生明显秋汛，嘉陵江支流渠江发生100年一遇的超历史实测记录特大洪水，丹江口水库入库洪水最大7天洪量接近20年一遇，汉江中下游主要控制站水位超过警戒水位、保证水位，杜家台分洪闸开启分流运用。

面对复杂的水旱灾害形势，在党中央、国务院的正确领导下，按照国家防总的统一部署，长江防总和流域内各级防汛抗旱指挥部周密部署、扎实准备、及时应对、科学调度、积极协调，防汛抗旱工作组织有力、应对有序，取得了显著成效。

国务院、国家防总多次召开专题会议，及时对防汛抗旱和减灾救灾工作进行周密部署。水利部陈雷部长、刘宁副部长多次主持召开防汛会商会，亲自部署防汛抗旱防台工作。9月20日，陈雷部长在汉江秋汛最关键时刻来到武汉检查指导汉江防汛工作，并在长江委主持召开国家防总防汛异地会商会议，传达贯彻国务院副总理、国家防总总指挥回良玉批示精神，分析"两江一河"的严峻防洪形势，安排部署下一步的应对工作。为有效应对长江流域汛情旱情，在国家防总、水利部的领导下，长江防总和流域内各级防汛抗旱指挥部周密部署、认真准备、及时应对、科学调度、积极协调，确保了长江防汛抗旱工作扎实有效的进行。地方各级党委、政府和防汛抗旱指挥部高度重视防汛抗旱工作，认真落实防汛行政首长负责制，切实担当起防汛指挥的重任。灾情发生后，有关地方党政主要领导深入一线，身先士卒，靠前指挥，有力地保证了各项防汛抗洪救灾工作紧张有序地进行。

6.1　领　导　重　视

党中央、国务院高度重视长江流域防汛抗旱工作，胡锦涛总书记、温家宝总理、回良玉副总理等党和国家领导情牵灾民，心系灾区，密切关注汛情发展，在防汛抗旱关键时刻作出重要指示，要求各地区各部门以对人民群众高度负责的精神，切实抓好防汛抗旱救灾工作，最大程度地减轻洪旱灾害造成的损失。温家宝总理、回良玉副总理于6月初赴江西、湖南、湖北考察抗旱工作，并在武汉主持召开江苏、安徽、江西、湖北、湖南5省抗旱工作座谈会，就进一步做好抗旱救灾工作作出重要部署。9月下旬，回良玉副总理在贵阳主持召开西南地区抗旱工作会议，研究部署西南地区抗旱工作。国务院、国家防总多次召开专题会议，及时对长江防汛抗旱和减灾救灾工作进行周密部署。

6.1.1　胡锦涛总书记视察长江流域抗旱工作

2011年入春以来，长江中下游地区降雨严重偏少，湖北也遭受持续干旱，群众生产生活用水遇到很大困难。中共中央总书记、国家主席、中央军委主席胡锦涛十分关注湖北省出现的严重旱情。5月31日至6月3日，胡锦涛总书记在湖北考察工作期间，专门前往十堰等地察看旱情，视察了丹江口水库。

在位于十堰市东部的丹江口市土关垭镇龙家河村，胡锦涛走进一片受旱严重的农田，用手翻开田里的土壤查看墒情，并向当地村民了解干旱情况，一起补种玉米。胡总书记希望乡亲们精心搞好抗旱田间管理，能补种的尽量补种，能改种的抓紧改种，努力把损失降到最低程度。同时，胡锦涛指出，现在是抗旱的关键时刻，要把抗旱作为当前农村工作最紧迫的任务，动员各方力量，采取综合措施，加大资金、物资、技术等方面的保障力度，确保人畜饮水，确保不误农时，坚决打赢抗旱这场硬仗。

胡锦涛总书记登上丹江口水库大坝，俯瞰上、下游水情，听取南水北调工程建设和丹江口水库运行管理情况汇报。胡总书记希望有关方面按照中央要求，进一步把丹江口水库建设好、管理好、维护好，同时抓好移民安置、环境保护、配套工程建设，为加快南水北调工程建设做出更大的努力。胡锦涛还明确提出，当前特别要针对汉江流域的严重旱情，加强水库下泄流量的科学调度，帮助群众有效缓解生产生活用水困难，把大型水利枢纽在抗旱中的重要作用充分发挥出来。

6.1.2　温家宝总理主持召开长江中下游5省抗旱工作座谈会

2011年6月4日下午，正在江西、湖南、湖北考察抗旱工作的中共中央政治局常委、国务院总理温家宝在武汉主持召开江苏、安徽、江西、湖北、湖南5省抗旱工作座谈会，并发表重要讲话。他强调，长江中下游地区在我国经济社会发展中具有举足轻重的战略地位，搞好当前的抗旱救灾工作，对于促进粮食和农业稳定发展、农民持续增收至关重要，对于保持经济平稳较快发展、管理好通胀预期意义重大。各地区、各有关部门必须高度重视并努力克服旱灾对农业生产的不利影响，坚定抗旱夺丰收的信心，为促进经济社会健康发展作出贡献。

温家宝指出，近一个时期以来，长江中下游地区降水过程少，高温天气多，河湖水位持续偏低，水利工程蓄水不足，数千万亩耕地受旱，水产养殖遭受损失，河湖生态受到影响，一些地方出现人畜饮水困难。面对严重旱情，受旱地区广大干部群众奋起抗灾，付出了巨大努力，取得了显著成效。近日部分地区出现降雨，但未来天气变化还存在很大的不确定性，旱情根本缓解还有一个过程，对灾情的影响绝不可掉以轻心。当前，正值早稻生长发育和中稻栽插用水关键时期，是农业生产和水产养殖的重要季节，我们一定要采取更加有力的措施，狠抓落实，科学应对，确保农业特别是粮食丰收。

温家宝强调，做好当前的抗旱工作，一要千方百计保障群众生活用水，努力促进粮食和农业稳定发展。全面落实供水措施，尽最大努力保证城乡居民饮水安全。加强分类指导，搞好田间管理，及时调整农业生产结构。采取措施尽快恢复渔业生产。力争早稻损失晚稻补，渔业损失农业补，农业损失非农业补。二要强化水利水电工程的科学调度，发挥好三峡等水利工程的综合调蓄作用，提高长江流域抗灾减灾整体能力，多渠道开辟抗旱水源，大力推行农业节水，强化科学用水。三要加大抗旱资金和物资投入，强化对农业生产的扶持。近期，中央财政将再次下达一批特大抗旱经费，重点用于补助农民抗旱浇地和抗旱服务队开展抗旱服务。进一步增加农业、渔业生产救灾资金，用于农民购买鱼苗、种子、化肥等生产资料。要统筹安排，突出重点，提高资金的使用效益。同时，搞好农资供应和价格质量监管，抓好夏收夏种夏管。四要坚持抗旱和防汛两手抓，未雨绸缪，防范旱涝急转，抓紧进行堤防、水库隐患排查与除险加固，加强监测预报，保障安全度汛。并要科学规划，妥善解决好旱灾过后的生态恢复问题。五要全面加强水利基础设施建设，着眼长远，全面规划，落实好中央加强水利建设的各项政策措施。六要切实加强对抗旱工作的组织领导，受旱地区要把抗旱减灾作为当前的一项重要任务来抓。主要领导要深入抗旱第一线，切实帮助群众解决抗旱工作中遇到的实际困难和问题。各有关部门要通力协作，努力形成抗旱救灾的强大合力，确保群众生产生活用水需要，确保农民收入和困难群众生活不因旱灾而受到大的影响。七要统筹抓好稳定物价、保障性住房建设、经济运行调节、财政金融等各方面工作，努力实现全年经济社会发展目标。

温家宝指出，尽管干旱对农业生产带来不利影响，但各地抗旱措施有力，加之近期出现降雨过程，对改善土壤墒情和旱情有积极作用。受旱地区早稻种植面积略有增加，中稻栽插还有回旋余地，只要狠抓抗旱保苗，加强田间管理，就可以把干旱损失降到最低。2011 年全国夏粮有望增产，粮食库存比较充裕，我们完全有能力保持市场稳定。

中共中央政治局委员、国务院副总理回良玉陪同考察，并出席了座谈会。回副总理指出，要认真落实中央的各项政策措施，科学配置抗旱水源，兼顾上下游、左右岸，坚持抗旱和防汛两手抓，充分发挥三峡工程和江河湖泊的调蓄作用，统筹水资源开发利用和水生态保护，全面做好防汛抗旱和促进农业发展各项工作。

6.1.3　回良玉副总理主持召开西南地区抗旱工作会议

2012 年 9 月 11 日，中共中央政治局委员、国务院副总理、国家防总总指挥回良玉在贵阳市主持召开西南地区抗旱工作座谈会，传达贯彻胡锦涛总书记、温家宝总理关于抗旱工作的重要指示精神，分析研判西南地区的旱情灾情形势，进一步研究部署抗旱减灾工作。他强调，要充分认识当前西南部分地区旱情形势的严峻性和做好抗旱救灾工作的重要性，进一步加大抗旱力度，千方百计解决群众饮水问题，扎实抓好秋冬农业生产，切实做到保饮水、保民生、促增收、促发展。同时，要立足长远，大力加强水利建设和节水工作，全面提高抗旱减灾能力。

回良玉指出，2011 年 6 月以来，我国西南部分地区出现严重干旱。从旱情看，降水少、江河来水少、库坝蓄水少，同时蒸发多、需水多、缺少抗旱水源的地方多；从灾情看，受灾地域广、影响产业面广，人畜饮水困难大、经济发展损失大。面对严峻干旱，旱区各地紧急动员，周密部署，及时启动应急响应，抗旱工作有条不紊推进并取得明显成效。但必须清醒看到，目前西南地区雨季已过，旱情还将发展，抗旱水源不足的问题以及干旱带来的各种矛盾将进一步显现，抗旱救灾任务将更重，难度也更大。旱区各地和有关部门要切实增强责任感、紧迫感，思想认识要有高度的重视，应对措施要有全局的安排，物资资金要有足够的准备，切实牢牢把握抗旱救灾主动权。

回良玉强调，要认真落实抗旱责任制，加大抗旱资金物资投入，努力形成抗旱救灾合力，扎实推进抗旱救灾工作。一要优先解决群众饮水问题。这是当前最为迫切的任务，要摆在抗旱救灾工作的第一位。加强水资源统一管理和调配，加快应急水源工程建设，增加抗旱水源，千方百计保证群众的生活用水。二要扎实抓好秋冬农业生产。认真做好晚秋作物的生产和秋收工作，谋划好秋冬种。切实加强农业技术指导服务，搞好种子、化肥、农药、农膜等的供应工作。因地制宜，引导农民调整种植结构，及时补种改种，增加蔬菜、马铃薯、油菜等作物种植，力争做到大季损失小季补、粮食损失经济作物补、种植业损失养殖业补、农业损失非农业补，多渠道增加农民收入。三要妥善安排好灾区群众生活。保证灾区粮油、肉类、蔬菜等市场供应，搞好重要商品物资的运输调度。加大对受灾群众特别是重旱区困难群体的救助力度，保障灾区群众的基本生活，维护灾区正常的生产生活秩序。四要严密防范森林火灾。要针对持续干旱使旱区森林火险提高的情况，认真落实防火责任，加强火灾隐患排查和火情监测，避免发生重特大森林火灾。

回良玉强调，要深入落实今年中央一号文件和中央水利工作会议精神，全面加强水利基础设施建设，努力从根本上解决水旱灾害问题。西南地区水资源总量较多，但时空分布极为不均。要加快建设一批控制性骨干水利工程，提高供水能力。要调动农民积极性，通过政府增加补助、民办公助、以奖代补、先建后补、奖补结合等多种方式，鼓励农民兴办农田水利，建设抗旱设施。要全方位加强节水工程建设和节水技术推广，不断创新节水机制和节水模式，全面提高水资源利用效率。

贵州、云南、四川、广西、重庆等省（自治区、直辖市）负责同志在会上发言，国家防总、国家减灾委员会有关成员单位负责同志和有关省（自治区、直辖市）防汛抗旱指挥部负责人及有关专家出席座谈会。

6.1.4 水利部长陈雷在长江委主持召开国家防总防汛异地会商

2011年9月20日上午，水利部陈雷部长一行在湖北省省委书记李鸿忠、省长王国生、长江委主任蔡其华、湖北省副省长赵斌等的陪同下，到武汉汉江东风险段、龙王庙险段实地察看汛情。随后陈雷部长在长江委主持召开国家防总防汛异地会商会议。会上，赵斌副省长介绍了当前湖北省的防汛情况，长江防总秘书长、长江委副主任魏山忠代表长江委汇报了前一阶段防汛工作。水利部有关司（局）领导、长江委在汉领导以及委属相关单位负责人参加了视频会。

陈雷指出，国务院副总理、国家防总总指挥回良玉高度重视当前汛情，并作出重要批示，要求国家防总和有关地区要及时启动应急响应，按照防洪预案，科学调度水库，加强堤防巡查防守，强化支持指导，及时转移危险区群众，确保防洪安全。同时要有效控制洪水，充分利用雨洪资源。

陈雷总结了当前汛情的八个特点。他说，当前防汛形势极为严峻，一是秋汛来得早，二是过程时间长，三是覆盖面积大，四是极端情况多，五是防御难度大，六是预测预报早，七是应对力度大，八是科学调度好。

针对下一阶段的防洪工作，陈雷部长强调，要加强三峡、丹江口、小浪底等水库的调度。科学调控洪水，有效地拦洪、削峰、错峰，在确保防洪安全的前提下，要兼顾蓄水、发电，合理调蓄利用雨洪资源，做到防汛抗洪与兴利蓄水的双赢；要进一步加强应急值守，确保信息和防汛指挥畅通，要进一步加密防汛会商，及时分析雨情、水情、汛情和工情，及时发布预警、预报、预测信息，给领导决策指挥当好参谋；各有关地区、各级防汛责任人，要切实落实好防汛责任，靠前指挥，特别是要加强汉江、渭河沿岸的巡堤查险工作，及时发现和排除险情，对一些险工险段和薄弱环节，一定要严防死守，确保堤防不决口，防汛不出大的问题；要进一步加强对各地防汛抗洪工作的指导支持和督促检查。

王国生指出，当前汉江防汛形势不容乐观，此次会议进一步增强了我们做好防汛工作的信心，会后将贯彻好此次会议精神，加强科学调度，做好防汛各项工作。

蔡其华表示，当前长江、汉江汛情总体均在可控范围内，前一阶段的调度是科学合理的。下阶段，长江委将按照此次会议的部署，切实做好两江的防汛工作，确保两江安全度汛。

6.2　汛　前　准　备

汛前，长江防总和地方各级防汛抗旱指挥部对防汛抗旱工作进行动员部署，全面落实防汛抗旱责任制，认真开展汛前检查，组织修订洪水调度方案和防汛抗旱预案，及时补充防汛抗旱物资，落实抢险队伍，强化培训演练，不断加强各级防汛抗旱办公室自身能力建设。这些扎实有效的准备工作为夺取防汛抗旱的胜利奠定了坚实基础。

6.2.1　动员部署

2011 年 5 月 22 日，长江防总 2011 年指挥长会议在重庆召开，长江防总总指挥、湖北省省长王国生主持会议并讲话，重庆市市长黄奇帆到会致辞，长江防总常务副总指挥、长江委主任蔡其华作工作报告，国家防汛抗旱督察专员邱瑞田出席会议并讲话，长江防总秘书长、长江委副主任魏山忠宣布了调整后的长江防总成员名单。四川、重庆、湖南、湖北、江西、安徽、江苏、上海等省（直辖市）有关领导、解放军代表等出席会议并发言。长江委有关部门负责人参加了会议。

王国生指出，2011年是中国共产党建党90周年，也是"十二五"开局之年，做好今年的长江防汛抗旱工作尤为重要。结合长江流域的实际，做好今年长江防汛抗旱工作的总体要求是深入贯彻落实科学发展观，秉承可持续发展、维护健康长江、促进人水和谐的治水思路，坚持以人为本、依法防控、科学防控、群防群控，坚持防汛抗旱并举、责任落实到位，强化监测预报、指挥调度，坚持工程措施与非工程措施相结合、应急处置和抢险救灾相结合，确保长江干流和重要支流、大型和重点中型水库的防洪安全，努力保证中小河流和中小水库安全度汛，切实保障城乡居民生活用水安全，千方百计满足生产和生态用水需求，为促进经济社会又好又快发展提供有力支撑。

王国生对当前和下一阶段的工作提出了四点要求：一是强化思想动员，切实做到防汛抗旱"警钟长鸣、常备不懈"。沿江各省（直辖市）要充分认识到当前长江防洪形势决非"高枕无忧"，极端天气事件的影响加剧，旱情的危害加深，对保安全保发展的重要性不可低估。二是强化汛前准备，突出抓好安全度汛各项重点工作。要全力做好在建与水毁修复工程建设工作，做好隐患排查处置工作，做好蓄滞洪区的各项工作，做好山洪灾害和台风的防御工作，做好供水安全和抗旱保障工作。三是强化组织领导，突出抓好防汛抗旱职责落实工作。要落实组织保障职责，落实预报预警职责，落实预案编制审批工作，落实应急响应机制。四是强化大局观念，确保形成防汛抗旱强大合力。要继续发扬团结抗灾的优良传统，坚决服从统一调度，严格信息报送制度，切实抓好宣传工作。

蔡其华在工作报告中系统总结了"十一五"防汛抗旱减灾工作和成效，深刻分析了"十二五"时期防汛抗旱减灾工作的新形势、新要求和新任务。她说，过去的5年，是治江史上极不平凡的5年，是流域多种灾害频发的5年，也是长江水利投入最多、抗灾救灾成效最大的5年。在党中央、国务院和国家防总的正确领导下，长江防总与地方各级防汛抗旱指挥部门一道，有效应对了汶川和玉树特大地震、舟曲特大山洪泥石流、南方雨雪冰冻、西南5省特大干旱、三峡建库以来最大入库洪水以及超强台风等多种自然灾害，最大程度减轻了灾害损失，为国民经济稳定发展和人民群众安居乐业提供了有力保障。2010年，在长江防汛抗洪的关键时刻，温家宝总理亲临长江委视察指导，对长江委的工作给予了高度评价和充分肯定。

蔡其华指出，"十二五"时期是加强防灾减灾工作、提高洪涝干旱灾害综合防范和抵御能力的关键时期。"十二五"开局之年，中央一号文件立足水利、着眼全局，高瞻远瞩、求真务实，提出了当前和今后一个时期水利改革发展的指导思想、目标任务、基本原则、工作重点和政策举措，在我国水利发展史上具有里程碑意义，也无疑给长江水利发展和防灾减灾工作提供了重大机遇，注入了巨大活力。但目前，长江防汛抗旱仍存在一些薄弱环节和突出问题，主要表现在防洪综合体系仍较薄弱，防洪形势不容乐观；抗旱基础设施亟待完善，抗旱工作形势严峻；大批水利工程投入运行，统一调度管理的需求日益迫切；新问题新要求不断涌现，防汛抗旱任重道远。

蔡其华强调，根据新形势新任务的要求，"十二五"时期长江防汛抗旱工作总的原则是以中央一号文件精神为指导，按照全面建设小康社会和构建社会主义和谐社会的要求，深入贯彻落实科学发展观，坚持以人为本、科学防控，坚持把保障人民群众生命安全放在首位，坚持防汛抗旱并举，强化措施落实，确保长江干流和重要支流、大型和重点中型水库、大中城市、主要交通干线、重要工矿企业的防洪安全，努力保证中小河流和中小型水库安全度汛，全力保障城乡居民生活用水安全，千方百计满足生产和生态用水需求，最大程度减轻水旱灾害损失，为流域经济社会全面、协调、可持续发展提供保障。为此，要进一步加强流域防洪抗旱减灾综合体系建设；进一步强化监测预报预警建设；进一步增强应急管理能力建设；进一步健全法律法规制度建设。

针对2011年长江防汛抗旱工作，蔡其华要求做好以下六个方面工作：一是切实抓好防汛抗旱责任制落实；二是切实做好洪水调度方案和应急预案修订完善工作；三是切实做好水毁修复和防汛抗旱应急工程建设；四是切实做好中小河流洪水和山洪灾害防御工作；五是切实做好水库水电站安全度汛工作；六是切实加强防汛抗旱信息化建设。

邱瑞田对长江防汛抗旱工作成绩给予了充分的肯定，并对2011年工作提出了明确要求，他指出长江流域的防汛安全事关全国防汛抗旱工作的大局，要做好长江防洪和水量调度，做好山洪和中小河流的防汛问题，在长江防总的领导下，流域各省要通力合作，共同努力夺取2011年长江防汛抗旱工作的全面胜利。

6.2.2　防汛抗旱责任制落实

为切实做好2011年防汛抗旱工作，落实防汛抗旱工作各项责任制，保障防洪和用水安全,根据《中华人民共和国防洪法》和《中华人民共和国抗旱条例》规定,5月23日,国家防总、监察部联合对全国大江大河、大型及防洪重点中型水库、主要蓄滞洪区、重点防洪城市防汛行政责任人和抗旱行政责任人名单进行了通报,公布防汛抗旱行政责任人共计1902人次,接受社会监督。各地按照分级管理的原则,也先后公布了各类防汛抗旱行政责任人名单。

通报要求各级防汛抗旱行政责任人要按照防汛抗旱职责要求,迅速上岗到位,熟悉防汛抗旱工程情况,督促落实各项防汛抗旱措施,切实履行防汛抗旱工作职责。要坚守岗位,及时准确掌握汛情旱情,并根据防汛抗旱工作需要,及时作出部署。要加强防洪工程和抗旱水源调度,组织做好抗洪抢险和抗旱救灾工作,有效处置突发洪涝灾害和旱灾,防止重大灾害事故发生。对因玩忽职守、工作不力等造成严重损失的,按照《中华人民共和国防洪法》《中华人民共和国抗旱条例》《中华人民共和国行政监察法》和《国务院关于特大安全事故行政责任追究的规定》,依法依纪追究责任。

6.2.3 汛前检查

6.2.3.1 国家防总检查长江流域防汛抗旱准备工作

2011年5月25—31日,水利部副部长周英率国家防总长江流域检查组赴湖北、湖南、江西3省检查防汛抗旱工作。中国人民解放军总参谋部应急办主任李海洋少将一同参加检查。

检查组登上三峡大坝,详细了解三峡枢纽防汛抗旱等综合效益发挥情况,对三峡工程为下游抗旱补水195亿 m^3,尤其是5月补水45亿 m^3 支援地方抗旱救灾工作给予了充分肯定,希望三峡水库始终坚持电调服从水调的原则,更好地服务地方经济社会发展。检查组还深入湖北监利何王庙灌区、湖南澧县兔子口引水闸、天井村引水栽种等抗旱现场,要求当前要全力做好抗旱保苗、保城乡供水工作,并实地察看了荆江大堤,以及湖北长江南五洲崩岸和荆南四河夹竹园崩岸整治,湖南湘江潇湘大道北延线(望城段)工程、长沙综合枢纽工程,江西峡江水利枢纽工程、抚州唱凯堤除险加固等防洪工程施工,现场了解湖北江陵防汛物资仓库、江西分宜县钤山镇防汛抗旱办公室能力达标建设等保障措施情况,强调一定要落实各项措施,确保在建工程安全度汛和施工人员安全。

检查组分别听取了湖北、湖南、江西3省防汛抗旱工作情况汇报。周英高度赞扬了3省抗旱工作的成效,充分肯定了3省多年来的水利建设成就及2011年的防汛抗旱准备工作。同时她指出,3省是水旱灾害易发、多发地区,水旱灾害一直是心腹之患，防汛抗旱任务非常艰巨，面临诸多困难和不利因素：一是遭遇严重干旱，抗旱供水保障能力相对较弱；二是防洪体系尚不完善，存在不少薄弱环节；三是水库数量众多，安全度汛任务艰巨；四是山洪灾害突出，避险保安难度大；五是堤防防守战线长，抢险守护任务重。

周英强调，2011年是中国共产党成立90周年，是实施"十二五"规划的开局之年，也是全面贯彻落实中央一号文件的第一年，做好2011年的防汛抗旱工作，既是加强水利建设的重要组成部分，也是推进水利改革发展开好头、起好步的重要保障，对确保人民生命财产安全、保障经济社会又好又快发展具有极为重要的意义；3省要深入贯彻落实国家防总第一次全体会议提出的今年防汛抗旱工作的总体要求，充分认识当前防汛抗旱工作面临的严峻形势，合理把握工作重点，全面落实防大汛、抗大旱的各项措施，努力夺取2011年防汛抗旱工作的全面胜利。一要全力做好当前抗旱供水保障工作，严防旱涝急转；二要坚决克服麻痹思想，切实落实各项责任；三要突出抓好水库度汛，确保工程安全；四要坚持以人为本，全力防御山洪灾害；五要强化查险抢险，保障江河安澜。

检查期间，湖南省委书记周强会见了检查组一行。湖北省副省长赵斌，湖南省委常委、长沙市委书记陈润儿，湖南省副省长徐明华，湖南省军区参谋长李兰田，江西省委常委、常务副省长凌成兴，江西省政府党组成员、政协副主席胡幼桃，中国长江三峡集团公司董事长曹广晶分别陪同检查。国家防办、水利部有关司局以及长江委有关负责人参加了检查。

6.2.3.2 长江防总汛前检查

为及时监督检查沿江各省市汛前准备情况，按照国家防总要求，长江防总统一部署，自4月10日起，长江委共派出了5个检查组，分别由长江防总常务副总指挥、长江委主任蔡其华，长江防总秘书长、长江委副主任魏山忠，长江委副主任陈晓军，长江委副总工金兴平，长江委建管局局长史光前等率队对江苏、上海、江西、安徽、四川、重庆、湖北、湖南、云南、贵州等省（直辖市）的防汛抗旱准备工作进行了检查。

4月13—17日，蔡其华率长江防总检查组对江苏省汛前准备情况进行了检查。江苏省委常委、副省长黄莉新等陪同检查。检查组一行先后赴张家港、南通、泰州、扬州、镇江等市，查看了张家港小城河综合整治工程、老海坝节点整治工程、走马塘江边枢纽工程、通州沙西水道综合整治工程，南通市新通海沙海门上段岸线调整工程、海门港闸达标改造工程、海门长江应急防汛抢险工程、南通开发区龙爪岩险工段，泰州引江河水利枢纽工程，江都嘶马弯道杨湾闸以东段江堤、镇江引航道水利枢纽工程、金山湖水环境整治工程，以及扬中市新坝南码头险工段、油坊镇西马港坍江段和八桥镇齐家十圩坍江段等，检查了防汛责任制落实、应急预案制订、抢险队伍及防汛物料准备等情况。

4月13—17日，魏山忠率长江防总检查组对江西和安徽两省的汛前准备情况进行了检查和指导。在江西省，检查组先后赴九江、抚州和鹰潭等地，查看了九江长江干堤、江新洲堤、峡江水利枢纽工程、唱凯堤除险加固工程、抚州市城西排涝站扩容工程和贵溪市文坊镇山洪灾害防治工程及乡镇防汛抗旱办公室建设。在安徽省，检查组先后赴安庆和芜湖等地，查看了同马大堤巨网段、安庆市迎江区永乐圩（新洲）崩岸、繁昌县石坻冲和茅王水库、峨溪河繁阳段河道整治工程、繁昌县芦南圩小龙口闸加固工程、芜湖三山区繁昌江堤六凸子崩岸治理工程，以及繁昌县和芜湖市防汛仓库等。在检查过程中，检查组一行认真听取了相关汇报，详细询问了有关工程设计与建设、防汛责任制落实、应急避险预案制订、抢险队伍及防汛物料准备等情况。

4月10—16日，陈晓军率长江防总检查组分别对四川省和重庆市的汛前准备情况进行了检查。四川省水利厅党组成员、副厅长张强言，驻厅纪检组组长、监察专员、厅党组成员徐亚莎，重庆市水利局党组成员、副局长韩正江等陪同检查。陈主任一行先后赴成都、都江堰、阿坝、汶川、宜宾、重庆潼南、合川、武隆、彭水等市（州、县），查看了茂县河道清障工程、都江堰市省级防汛物资仓库、岷江灾后重建堤防工程、山洪泥石流防治工程、紫坪铺水库工程、阿坝州汶川县映秀镇灾后重建工程、宜宾市飞机坝堤防工程、向家坝水利枢纽工程、潼南县"7.17"琼江崇龛镇和柏梓镇洪水现场、潼南县县城涪江堤防、合川区鸭嘴滨江护岸工程、草街电站、乌江彭水水电站及银盘电站。每到一处，陈主任都认真听取汇报，并详细询问有关工程的防洪标准、建设进展、防汛责任制落实、应急预案制订、抢险队伍及防汛物料准备等情况。

4月12—16日，金兴平率长江防总检查组对湖北、湖南两省的防汛抗旱准备情况进行了检查。检查组一行在湖北省先后查看了汉川新沟闸、徐家口泵站、下陈湾险段、仙桃东荆河来仪寺险段、王小垸、杜家台分洪闸、荆州荆江大堤文村甲险段、学堂洲护岸段、北闸、杨家厂镇南五洲崩岸段、荆江分蓄洪区杨麻转移公路、杨家厂转移安置房等现场。在湖南省先后检查了常德澧县艳洲坝上压浸及防汛通道建设工程、黄沙湾电排、拥宪堤段拆迁压浸工程、小渡口闸房屋拆迁及防汛通道建设工程、安乡县安澧垸土里口整险堤段、鼎城区苏家吉水闸、益阳市学门口城市防洪堤、郝山区永申垸沙河段除险工程、长沙市橘子洲、月亮湾和湘江长沙综合枢纽工程等现场。检查组一行沿途听取了有关防汛抗旱准备工作情况汇报，重点检查了防汛抗旱责任制与防汛组织机构落实、防汛抗旱预案的编制与审批、险工险段处理、在建工程安全度汛措施以及防汛抗旱物资落实等情况，并与相关单位进行了座谈。

4月24—29日，史光前率长江防总检查组对贵州、云南两省的汛前准备情况进行了检查。其中4月24—26日，检查组一行赴贵州都匀、平塘、荔波等市（县），查看了都匀市绿茵湖水库工程、茶园水库工程、剑江河治理工程、都匀市防汛抗旱指挥部监控中心、平塘县山洪灾害非工程措施预警系统、卡蒲水库工程；4月27—29日，检查组一行赴云南保山、龙陵、德宏、芒市、瑞丽等市（州、县），查看了云南保山市北庙水库工程、保山市市级防汛物资储备仓库、龙陵县镇安镇镇安河治理工程、龙山镇龙山河治理工程、德宏州芒究水库工程、瑞丽江河治理工程等。在检查现场，检查组认真听取汇报，详细询问了有关工程的防洪标准、险工险段处理、在建工程建设进展以及安全度汛措施、防汛责任制落实、应急预案制订、抢险队伍及防汛物料准备等情况。

6.2.4　方案预案完善

2011年汛前，长江防总及时组织编制了《长江洪水调度方案》《三峡—葛洲坝水利枢纽2011年汛期调度运用方案》和《三峡水库生态调度方案》，组织审查并批复了丹江口、陆水、碧口、构皮滩、彭水、思林、清江梯级、二滩、瀑布沟等水库（水电站）2011年汛期调度运行计划（方案）。其中《长江洪水调度方案》和《三峡—葛洲坝水利枢纽2011年汛期调度运用方案》得到了国家防总批复。

6.2.4.1　《长江洪水调度方案》

2011年12月19日，国家防总印发《关于长江洪水调度方案的批复》（国汛〔2011〕22号），批准了新的《长江洪水调度方案》，同时废止了国家防总1999年批准的《长江洪水调度方案》。

新的《长江洪水调度方案》是由长江委会同四川、重庆、湖北、湖南、江西、安徽、江苏、上海等省（直辖市）人民政府，根据国务院批复的《长江流域防洪规划》和《三峡水库优化调度方案》，结合目前长江流域防洪工程状况和长江流域防洪形势，在1999年批准的《长江洪水调度方案》（国汛〔1999〕10号）基础上组织修订而成。其具体工作由长江防总办公室按照国家防办的统一部署，委托长江勘测规划设计研究院完成。方案修订工作从2010年开始，前后历时1年多，期间在国家防办的领导下，长江防总办公室多次征求流域内有关省、直辖市意见，经过多轮讨论与磋商，逐步修改完善，最终形成了《长江洪水调度方案（报批稿）》，并由长江防总于 2011 年 10 月上报国家防总审批。

新的《长江洪水调度方案》共分六章，主要包括：防洪体系建设情况，长江干支流现状防洪能力，设计洪水，洪水调度原则和目标，洪水调度（包括水库调度、河道及蓄滞洪区调度），调度权限等内容。新的《长江洪水调度方案》批准施行，标志着长江流域洪水调度工作进入了一个新阶段。

6.2.4.2 《三峡—葛洲坝水利枢纽 2011 年汛期调度运用方案》

根据 2009 年 10 月国务院批准的《三峡水库优化调度方案》和国家防总批复的《长江洪水调度方案》的相关规定，结合近年来汛期调度运用的实际，长江防总组织中国长江三峡集团公司研究编制了《三峡—葛洲坝水利枢纽 2011 年汛期调度运用方案》，并将审查修改完善后的方案上报国家防总批准。国家防总以国汛〔2011〕10 号文正式批复了《三峡—葛洲坝水利枢纽 2011 年汛期调度运用方案》。

该方案主要包括三峡—葛洲坝水利枢纽 2011 年防洪调度目标、主要建筑物的防洪标准、防洪调度方式、汛期运行水位控制、调度权限等内容。国家防总批复中要求长江防总加强对长江上中游水雨情的监测和分析预报，科学调度洪水，充分发挥三峡水库的防洪抗旱等综合效益；中国长江三峡集团公司要密切监视水雨情变化，加强对工程的监测和巡查，建立预警机制，严格执行长江防总的调度指令，及时向长江防总、有关省（直辖市）防汛抗旱指挥部和有关部门通报情况，确保防洪安全。

6.3 应 急 响 应

2011 年汛期，长江防总共启动了 3 次防汛应急响应，最高级别为 III 级，响应时间共计 21 天，最长的连续处于防汛应急响应状态为 10 天；启动 1 次抗旱应急响应，级别为 III 级，响应时间共计 46 天。6 月中旬，乌江、长江中下游干流附近及"两湖"水系北部降大雨、局地暴雨或大暴雨。部分河流发生超过警戒水位洪水，湖南、湖北、江西、安徽等省部分地区发生严重洪涝灾害，造成严重人员伤亡。长江防总从 6 月 11 日起启动防汛 III 级应急响应，6 月 20 日解除应急响应。8 月 5 日，为有效防范强台风"梅花"可能引起的局地严重洪涝灾害，长江防总办公室从 5 日 18 时启动防汛 III 级应急响应，8 月 8 日解除响应。9 月以来，流域内洪旱灾害并发。针对长江上游部分地区旱情发展情况，长江防总于 9 月 9 日 11 时起启动抗旱 III 级响应，10 月 24 日 18 时解除响应。针对嘉陵江、汉江流域发生的持续性强降雨，长江防总于 9 月 18 日 13 时启动防汛Ⅲ级响应，9月24日解除响应。

　　流域内相关省、直辖市为应对流域内频繁发生的强降雨过程，纷纷超前部署，及时启动防汛应急响应。6月上旬，湖南、江西两省为应对"两湖"水系强降雨，分别于6月10日、6月11日启动防汛Ⅲ级应急响应。9月18日，四川渠江流域发生100年一遇的超历史记录特大洪水，四川省防汛抗旱指挥部紧急启动防汛Ⅱ级应急响应。湖北省为应对9月汉江秋汛，于9月16日启动防汛Ⅳ级应急响应，之后随着汛情的不断发展，逐步将应急响应提高至Ⅱ级。由于超前部署和及早响应，赢得了防汛抗旱工作的主动，避免了人员大量伤亡和财产严重损失。

6.4　调　度　协　调

　　在国家防总的领导下，长江防总与流域各省、直辖市防汛抗旱指挥部一道，及时了解雨情、水情、工情、旱情，严格按照防汛抗旱预案，在充分发挥河道泄洪能力的前提下，科学有效调度洪水，通过提前预泄，及时拦洪、错峰、滞洪，充分发挥了水库的防洪减灾效益，较好地实现了水库综合利用，实践了从控制洪水向洪水管理的转变。2011年汛期，长江防总共组织70次防汛会商会，分别对三峡和丹江口水库下发了26道和13道调度令，并向有关省、直辖市通报重大汛情4次，并在防洪调度过程中开展了大量的协调工作。

　　一是积极协调组织三峡水库首次生态调度试验。为协调生态环境保护与防洪、航运和发电等效益的关系，减少对关键物种和生态环境的不利影响，促进宜昌下游河段四大家鱼自然繁殖，更好地研究生态调度方案，结合长江流域当时的汛情，在确保防洪安全的前提下，长江防总组织中国长江三峡集团公司、水利部中国科学院水工程生态研究所、长江委水文局等单位从2011年6月16日起，开展了为期4天的三峡水库生态调度试验，这是我国首次针对鱼类自然繁殖实施的生态调度。通过调度三峡水库，每日增加日均出库流量2000m³/s左右，出库流量从12000m³/s左右逐步加大至19000m³/s左右，使荆江河段实现持续上升的涨水过程。监测结果表明，这次生态调度使得中下游不同站点水位持续上涨4~8天，与早期资源监测结果对比，四大家鱼产卵时间与历史自然涨水条件下响应时间一致，四大家鱼自然繁殖群体有聚群效应，并与其自然繁殖时的习性相符。初步证明此次生态调度对四大家鱼自然繁殖产生了促进作用，为减轻三峡水库对四大家鱼自然繁殖的影响，进一步开展生态调度试验、优化生态调度方案提供了宝贵的实测资料。

　　二是协调开展长江上游水库群联合调度，主要水库汛末蓄水顺利实现预期目标。2011 年，长江防总加强了汉江丹江口、雅砻江二滩、大渡河瀑布沟、乌江构皮滩、思林等控制性水库调度管理与协调，2011 年首次批复了二滩、瀑布沟、构皮滩、思林汛期调度运用计划，汛期统筹协调水库群防洪调度，汛末二滩、瀑布沟、丹江口等水库基本蓄满，为今冬明春供水、发电奠定了坚实的基础。针对上游来水严重偏少的严峻形势，8 月中下旬长江防总开始筹划三峡水库汛末蓄水，从 8 月 20 日开始减少出库流量至 15000m³/s 左右，库水位开始缓慢上升；8 月 25 日后进一步减少出库流量至 12000m³/s 左右，在上游来水严重偏少的条件下，8 月底库水位预蓄至 150.00m，有效减轻汛末 9 月、10 月的蓄水压力。9 月 1 日 8 时，三峡水库水位达到 150.15m；9 月 30 日 8 时，三峡水库水位达到 166.07m；10 月 30 日 17 时，三峡水库水位再次成功蓄至 175.00m。

三是统筹汉江洪水调度，确保调度科学有效。在迎战 9 月汉江秋汛的过程中，在国家防总的直接领导下，长江防总沉着应战、超前部署、滚动会商、科学调度，充分发挥水利工程防洪减灾作用，积极应对汉江秋汛。先后组织 15 次防汛会商，向丹江口水利枢纽管理局下发了 7 道调度令，丹江口水库最多开启 9 深孔 4 堰孔泄洪，最大下泄流量达 13200m³/s，最大削峰率达 50%，拦洪调蓄后最高库水位在 156.60m（21 日 17 时）。在汉江两次洪水间隙，长江防总根据水雨情预测预报，维持丹江口水库 9 个深孔 4 个堰孔泄流，腾空防洪库容 12 亿 m³，为最终赢得汉江防汛抗洪胜利打下了坚实基础。在杜家台蓄滞洪区分流前夜，长江防总昼夜会商，连夜调度丹江口、安康水库减小下泄流量，减轻汉江下游防洪压力，并向湖北省防指发出了《关于利用杜家台分洪道分流问题的意见》。9 月 21 日 12 时 20 分，湖北省启用杜家台分洪道分流汉江洪水，开启 30 孔，控制分流流量 1000m³/s 左右，减轻了汉江下游防洪压力，夺取了汉江防洪的最后胜利。

四是统筹各方面关系，三峡水库防洪调度实现多赢。2011 年汛期，三峡水库先后进行了 4 次防洪运用，三峡坝前最高蓄洪水位为 167.98m，累计拦蓄洪水 247.16 亿 m³。长江防总共向中国长江三峡集团发布 14 道调度令，科学调度三峡水库，及时拦洪、适时泄洪，尽可能地发挥削峰、错峰作用，有效缓解了长江中下游地区的防洪压力。同时，在保证防洪安全的前提下，通过精细调度，三峡水库最大下泄流量没有超过最大发电流量，并适时降低两坝间的流量，提高了两坝间及长江中下游的通航能力。2011 年汛期三峡电站增发电量 28.17 亿 kW·h，葛洲坝电站增发电量 8.70 亿 kW·h，实现了洪水资源的有效利用。

6.5　加　强　指　导

面对流域内发生的洪涝干旱灾害，长江防总及流域相关省（直辖市）领导高度重视，全力组织抢险救灾。2011年长江防总共派出26个防汛、抗旱工作组和专家组，104人次分赴长江流域陕西、云南、贵州、四川、重庆、湖北、湖南、安徽等省（直辖市）协助指导地方防汛抢险、抗旱和救灾工作。特别是汉江发生秋汛期间，短短十来天里，国家防办和长江防总及时派遣4个工作组和专家组分赴丹江口水库、南水北调兴隆水利枢纽、杜家台蓄滞洪区以及汉江中下游沿线指导防汛抢险救灾工作。工作组和专家组争分夺秒、昼夜兼程深入到防汛抢险的第一线，全面了解当地雨水情、防洪工程运行情况，为长江防总作出各项决策提供了重要依据，为夺取抗洪救灾胜利发挥了重要作用。

6.5.1　防洪抢险指导

6月1—7日，湖南省岳阳、长沙、湘潭、娄底、益阳中南部、怀化中部、湘西自治州南部等地普降大到暴雨，局地降大暴雨。受强降雨影响，湘西自治州和怀化市等地区发生严重山洪和洪涝灾害。6月6—9日，长江防总派长江委水文局副局长戴润泉带领国家防总工作组，紧急赶往受灾严重的湖南省湘西自治州凤凰县和怀化市麻阳县等地，协助开展防汛救灾工作。

6月9日晚开始，湖南省湘西、湘北、湘中地区普降大到暴雨，部分地区降大暴雨，局部地区降特大暴雨，岳阳等地遭受严重洪涝灾害。6月10—18日，长江防总派长江委水文局副局长戴润泉带领国家防总工作组，紧急赶往受灾严重的湖南省岳阳市，协助开展防汛救灾工作。

7月4日开始，陕西省汉中市普降中到大雨，局地降暴雨到大暴雨。强降雨造成汉中市汉台、南郑、西乡、勉县、略阳、留坝等6个县（区）不同程度受灾。长江防总于7月6日派出由长江委水政与安监局局长滕建仁为组长的国家防总工作组，紧急赶往受灾严重的陕西省汉中市，协助开展防汛救灾工作。7月8日晚，工作组按照长江防总秘书长魏山忠的指示，同时承担起了专家组的职责，就防范强降雨、山洪泥石流灾害、水库安全度汛等重点工作进行巡查指导。

7月4—6日，四川崇州、什邡等地发生强降雨，造成西河、石亭江等中小河流发生超标准洪水，水利工程受损严重。长江防总于7月8日派出由长江委工程建设局袁宏全局长任组长的专家组，赶赴四川省查看灾情，协助指导防汛抢险。专家组先后察看了崇州市西河石头堰水利枢纽、什邡市人民渠红岩分干渠穿石亭江涵洞等水毁工程现场，了解了工程水毁和防洪抢险情况，与四川省有关部门的相关人员研究提出了处理方案。

9月16—18日，四川省巴中市遭受强降雨袭击，导致中小河流水位暴涨，山洪地质灾害频发。长江防总迅速派出专家组代表国家防总赶赴四川指导抢险救灾工作。9月19日凌晨专家组从武汉出发，于当日下午5时30分到达巴中市南江县沙河镇，与先期到达的四川省水利厅张强言副厅长率领的四川省防汛抗旱办公室巴中工作组会合。专家组查勘了沙河镇滑坡灾害现场，听取了当地政府及有关部门关于滑坡灾害和抢险救灾情况的汇报，并与地方政府和防汛部门领导就做好当前防汛抢险工作交换了意见。

6.5.2 抗旱减灾指导

2010年10月至2011年6月初，长江中下游地区降雨持续严重偏少，造成江河湖库水位普遍偏低，长江中下游湖北、湖南、江西、安徽、江苏等地发生秋冬春夏四季连旱的特大干旱局面，干旱范围之广、时间之长、损失之重、抗灾之急历史罕见。7月以后，贵州、云南、重庆、四川等西南地区又发生了严重干旱，影响的地域和产业面广，人畜饮水困难大，经济发展损失大。在抗旱最关键时刻，长江防总于5月上中旬及时派遣3个工作组赶赴湖北、湖南、江西、安徽等重旱区一线，协助指导地方抗旱救灾工作，为地方抗旱救灾提供了有力的技术指导和支持。同时，长江防总办公室及时组织抗旱会商，从4月开始组织会商10余次，尤其是在充分考虑上、下游来水和各方需求的基础上，加强了对三峡、丹江口水库的抗旱应急补水调度，有效抬高了河道水位，保障了沿线地区人畜饮水安全，为实现国家粮食安全创造了有利条件，发挥了显著的抗旱补水效益。

6.6 新 闻 宣 传

2011年长江防总加强了防汛抗旱工作宣传。先后接待了中央电视台、湖北电视台、凤凰卫视等多家新闻媒体；接受了由人民日报、新华通讯社、光明日报、经济日报、中央人民广播电台、中央电视台、中国日报、上海电视台第一财经频道、21世纪经济报道、凤凰周刊、人民网、新华网等多家媒体近30位记者的采访。按照国家防总和长江委的统一安排，长江防总领导参加了全国汛情通报会和长江委新闻发布会，长江防总办公室在国内多家新闻媒体上发布了一系列的新闻稿件跟踪报道防汛抗旱救灾工作。长江防总向社会各界解读了流域内各地的防汛抗旱形势，有效发挥了新闻舆论引导作用。据统计，在中国日报发表了《长江防总 2011 年汛前检查全面完成》，在中国新闻网、新华网、人民网发表了《三峡工程 2011 年 175 米蓄水计划通过技术审查》《长江防总发出首个防汛调度令　加大三峡下泄流量》等新闻报道，在楚天都市报、人民网发表了《长江防总滚动会商汛情　启动防汛三级应急响应》，在新华网、人民网发表《长江两大巨型水库 2011 年向下游应急补水逾 200 亿立方米》，在中国日报、新华网发表了《四川东北部遭遇严重洪灾　长江防总工作组急赴川》，在中国水利网、人民长江报发表了《长江防总全力应对两江秋汛　启动防汛Ⅲ级应急响应调度三峡、丹江口水库》，在中国水利网、人民长江报发表了《长江防总启动防汛Ⅲ级应急响应》，在凤凰网上发表了《长江防总：三峡工程补水产生较好综合效益》，在人民长江报上发表了《调峰顺雨汇江流——长江防总成功应对汉江秋汛侧记》。

防 汛 抗 旱 工 作 启 示

  2011 年长江流域气候异常，干旱、洪涝阶段性特征明显，出现了旱涝急转的局面。年初，云南盈江发生地震灾害，给当地水利设施造成了严重破坏。春夏之交长江中下游罕见干旱；6 月，中下游部分支流出现异常汛情，旱涝急转；7—8 月，长江干流又出现历史罕见低水位；伏秋西南 5 省发生严重干旱；9 月嘉陵江、汉江发生明显秋汛，嘉陵江支流渠江发生 100 年一遇的超历史实测记录的特大洪水，丹江口水库入库洪水最大 7 天洪量接近 20 年一遇，汉江中下游主要控制站出现超警戒水位、超保证水位，杜家台分洪闸开启分流运用。根据 2011 年长江流域汛旱情特点，为更好开展长江防洪抗旱减灾工作，得出以下几点启示：

  （1）领导重视，是夺取防汛抗灾工作全面胜利的重要保证。面对流域内发生的各种灾害，党中央、国务院高度重视长江流域防汛抗旱工作，胡锦涛总书记、温家宝总理、回良玉副总理等党和国家领导同志情牵灾民，心系灾区，密切关注雨情、汛情和灾情发展，在防汛抗旱的每一个关键时刻都作出重要指示，要求各地区各部门以对人民群众高度负责的精神，切实抓好防汛抗旱救灾工作，最大程度地减轻洪旱灾害造成的损失。温家宝总理、回良玉副总理于 6 月初赴江西、湖南、湖北考察抗旱工作，并在武汉主持召开江苏、安徽、江西、湖北、湖南 5 省抗旱工作座谈会，就进一步做好抗旱救灾工作作出重要部署。9 月下旬，回良玉副总理在贵阳主持召开西南地区抗旱工作会议，研究部署西南地区抗旱工作。

  国务院、国家防总多次召开专题会议，及时对防汛抗旱和减灾救灾工作进行周密部署。水利部陈雷部长、刘宁副部长多次主持召开防汛会商会，亲自部署防汛抗旱防台工作。9 月 20 日，陈雷部长在汉江秋汛最关键时刻来到武汉检查指导汉江防汛工作，并在长江委主持召开国家防总防汛异地会商会议，传达贯彻国务院副总理、国家防总总指挥回良玉批示精神，分析"两江一河"的严峻防洪形势，安排部署下一步的应对工作。地方各级党委、政府和防汛抗旱指挥部高度重视防汛抗旱工作，认真落实防汛行政首长负责制，切实担当起防汛指挥的重任。灾情发生后，有关地方党政主要领导深入一线，身先士卒，靠前指挥，有力地保证了各项防汛抗洪救灾工作紧张有序地进行。

（2）长江流域旱涝交替，总体灾害偏轻。2011 年，长江流域干旱、洪涝灾害交替发生，流域汛情主要呈现以下特点：①旱涝转换快，春夏之交长江中下游发生大旱，伏秋西南 5 省严重干旱，6 月出现旱涝急转，洪水来势猛，部分支流出现超历史记录洪水；②秋汛范围广，局部洪涝重，渠江和汉江出现明显秋汛；③双台风活动频繁，但登录强度偏弱，2011 年西太平洋生成 20 个台风，有 7 个登陆我国，其中双台风现象明显，但台风强度偏弱，没有影响内陆地区；④受灾范围广，总体灾害偏轻，2011 年因灾死亡人数居历史最低。

（3）要尽快开展沿江支堤达标建设。入汛以来，特别是进入 9 月中旬，汉江上游、嘉陵江流域先后出现了 3 场强降雨过程。受此影响，渠江发生 100 年一遇超历史记录的特大洪水，汉江上游发生了 20 年一遇的年最大洪水，汉江下游仙桃站发生超保证水位的洪水。汉江中下游堤防堤身单薄、堤基防渗能力差、岸坡抗冲能力弱，众多连江支堤、湖河圩垸堤等也存在同样的问题，为进一步增强防洪保安能力，需尽快开展汉江中下游等沿江支流堤防达标建设。

（4）要全力做好山洪灾害防治工作。近年来山洪灾害频发，造成大量人员伤亡，人员伤亡数量占因洪涝灾害死亡人数比例一直居高不下，影响经济社会的发展。根据全国山洪灾害防治规划，从 2010 年起，国家正逐步推进山洪灾害非工程措施和工程措施建设工作，计划非工程措施建设分 3 年完成（2010—2012 年），2011 年处于山洪灾害非工程措施建设的关键时期，流域内相关省、自治区、直辖市应结合本地山洪灾害特点和防治需求加快建设步伐，强化运行管理，并不断总结经验与教训，提高建设质量和管理水平，确保建设完成后发挥作用，有效避免群死群伤事件的发生，尽量减少人员伤亡。

（5）要继续推进水库群联合调度基础准备工作。根据长江流域防洪规划、长江流域综合规划，长江流域将兴建一批库容大、调节能力好的综合利用水利水电枢纽工程，其中，2015 年前可以投入运用且总库容 1 亿 m³ 以上的水库近 80 座，总兴利库容 600 余亿立方米，防洪库容约 380 亿 m³。目前三峡工程已可全面发挥防洪功能，其他大型水库也陆续具备运行条件，做好这些水库的调度是发挥好水库防洪、发电、航运、供水和生态与环境保护等综合效益的基本途径。同时，对来水偏枯的年份，在确保防洪安全的基础上，汛末通过水库群联合调度做好蓄水工作，为充分发挥水库的发电、航运、供水和生态与环境保护等综合效益提供条件。水库群联合调度的相关技术研究与协调管理机制等前期准备工作需加快推进。

（6）要继续加强抗旱体系建设。长江流域面广线长，气候差异较大，洪、枯分期明显，水旱交替，汛期由于降雨时空分布不均，水旱并发、旱涝急转现象时有发生。2011年长江中下游多地发生较为严重的旱情，西南地区旱情持续，损失较大。流域内抗旱备用水源工程不足，抗旱设施设备老化，旱情预测水平不高，抗旱信息管理系统尚未建设，抗旱专业队伍不健全，抗旱物资不足、服务能力不强、抗旱手段落后，难以适应抗大旱、抗久旱的要求。应继续加大抗旱投入，加快应急备用水源工程建设，完善配套设施，备足抗旱物资，健全抗旱队伍，完善服务体系，修订抗旱应急预案，不断提升抗旱技术水平与服务能力。